农光互补应用技术

及典型模式

宋艳梅　杨豫森　邢学利　张月恒
张　帅　王　星　王　奇　柯昊纯　编著
　　　　汪　锐　王欣然　杨晓峰

中国电力出版社
CHINA ELECTRIC POWER PRESS

内 容 提 要

本书是一本总结归纳农光互补典型应用模式的著作。立足"双碳"目标背景，解析国内外政策演变与技术迭代规律，总结了国内外的广义农光互补及植物工厂的相关技术和工程案例，系统梳理了光伏技术与现代农业融合发展的创新路径，介绍了当下比较常见的多种农光互补形式背景、技术要点及当前存在的问题、后续技术革新的方向，以及系统整体性能、经济性评价方法，以期为光伏农业项目开发提供支撑与指导，对推动绿色能源与乡村振兴战略协同发展具有重要参考意义。

图书在版编目（CIP）数据

农光互补应用技术及典型模式/宋艳梅，杨豫森，邢学利编著. -- 北京：中国电力出版社，2025.7

ISBN 978-7-5198-8557-1

Ⅰ.①农… Ⅱ.①宋…②杨…③邢… Ⅲ.①太阳能光伏发电-应用-农业技术-研究 Ⅳ.①TM615

中国国家版本馆 CIP 数据核字（2023）第 256606 号

出版发行：中国电力出版社

地　　址：北京市东城区北京站西街 19 号（邮政编码 100005）

网　　址：http://www.cepp.sgcc.com.cn

责任编辑：赵鸣志（010-63412385）

责任校对：黄　蓓　张晨荻

装帧设计：赵丽媛

责任印制：吴　迪

印　　刷：三河市万龙印装有限公司

版　　次：2025 年 7 月第一版

印　　次：2025 年 7 月北京第一次印刷

开　　本：787 毫米×1092 毫米　16 开本

印　　张：10

字　　数：209 千字

印　　数：0001—1000 册

定　　价：65.00 元

　　2021 年 10 月，国务院发布的《关于印发 2030 年前碳达峰行动方案的通知》（国发〔2021〕23 号）中指出，实现"双碳"目标，重点任务之一在于全面推进风电、太阳能发电大规模开发和高质量发展，坚持集中式与分布式并举，加快建设风电和光伏发电基地；加快智能光伏产业创新升级和特色应用，创新"光伏+"模式，推进光伏发电多元布局。 近年来，中国成为全球光伏发电装机容量最大的国家，在光伏设备制造技术和产量上遥遥领先。 随着土地政策的宏观调控紧缩，土地资源紧张已成为制约我国光伏产业进一步高速发展的突出问题，利用光伏与农业等业态的结合（农光互补）以提升土地综合利用率，已成为光伏产业当下和未来发展的新趋势。在此背景下，中国在农光互补领域产生了很多创新性的技术及应用成果。

　　2022 年 12 月 23 日，中央农村工作会议指出："设施农业大有可为，要发展日光温室、植物工厂和集约化畜禽养殖，推进陆基和深远海养殖渔场建设，拓宽农业生产空间领域"。为了响应习近平总书记关于"树立大食物观"的思想号召，更好地总结归纳优秀的农光互补或"光伏+"方案，中国华能集团清洁能源技术研究院有限公司（简称华能清能院）组织相关技术人员和专家，编写了这本《农光互补应用技术及典型模式》。全书共分 5 章，分别从光伏发电与现代农业发展概述、太阳能光伏发电发展历程及系统概述、农光互补技术发展及概述、光伏发电与现代农业的多样化结合方式、光伏+ 农业设施的典型模式五个方面展开介绍，总结了国内外的广义农光互补及植物工厂的相关技术和工程案例；点评了农业、光伏技术各自的发展历程和相关政策，以及近 10 年来农光互补相关政策更新；介绍了当下比较常见的多种农光互补形式背景、技术要点及当前存在的问题、后续技术革新的方向；并从相关的实际工程案例出发，结合经济性评价，以期从最优经济及性价比的角度给出相关思考和建议。本书内容全面、深入，相信对国内新能源和创新设施农业技术的研究者有很强的参考作用，对从新能源角度重新思考现代设施农业的发展也具有高度的启发作用。

由于作者水平有限，书中难免存在疏漏和不足，敬请读者批评指正。

编　者

2024 年 12 月 6 日

目 录

1

光伏发电与现代农业发展概述

1.1　能源可持续发展战略需求

　　能源是社会发展和经济增长最基本的驱动力，同时也是人类赖以生存的基础，直接关系国家的可持续发展及社会的和谐稳定。人类步入工业化以来，主要依赖煤炭、石油及天然气等化石燃料资源驱动科技发展与社会进步。根据国际能源署的数据，目前化石燃料仍然占全球总能源消耗的 80% 左右。21 世纪以来，长期依赖以煤炭、石油和天然气为主的化石能源而带来的全球气候变化问题日益严重，大气中 CO_2 浓度从 1750 年的 2.78×10^{-4} 迅速增长到 2022 年的 $4.172\times10^{-4[1]}$，按照此速度，9 年内则将偏离联合国政府间气候变化专门委员会制定的将全球变暖限制在 $1.5\,℃$ 内的目标。目前，全球气候变化问题受到国际社会的广泛关注，成为一个复杂而紧迫的问题。

　　相比化石燃料燃烧而排放大量温室气体，可再生能源如太阳能和风能，可以大幅减少温室气体的排放，有助于遏制气候变化问题的严重性。目前，可再生能源的技术成本持续下降。根据国际可再生能源机构的数据，太阳能和风能发电的成本在过去 10 年中已经下降了 80%；在某些情况下，可与传统能源相媲美。这进一步加快了可再生能源逐渐替代化石燃料的步伐。此外，可再生能源有助于能源安全。依赖进口石油和天然气的国家在能源供应方面面临不确定性和风险，而可再生能源可以降低对进口能源的依赖，提高国家的能源安全性，这对于确保国家的经济和能源稳定至关重要。

　　由此可见，可再生能源在促进可持续发展、应对气候变化和提高能源安全性等方面具有巨大的潜力。近年来，中国为推进太阳能、风能、水能等可再生能源发展，国家各部委在国务院的指导下制定了相关政策，中国部分能源和气候政策的演进如图 1-1 所示。2007年，中国颁布了首个气候变化国家方案，率先开展低碳省市试点，因地制宜地探索低碳发展路径。"十二五"计划中纳入了碳强度（每单位 GDP 的 CO_2 排放量）减少 17% 等新目标，推进碳减排技术的发展。2014 年，中国发布了《国家应对气候变化规划（2014—2020 年）》，为《巴黎协定》的谈判和中国首份国家自主贡献预案的制定提供了基础[2]。

2030 年和 2060 年气候新目标公布约 5 个月之后，"十四五"规划于 2021 年 3 月出台，规划中强调要大力度改革能源市场，推进低碳能源投资，确保能源安全。因此，在国家政策扶持下，政府、产业界和公众都应积极合作，推进可再生能源的广泛应用，以应对当今和未来的全球挑战。

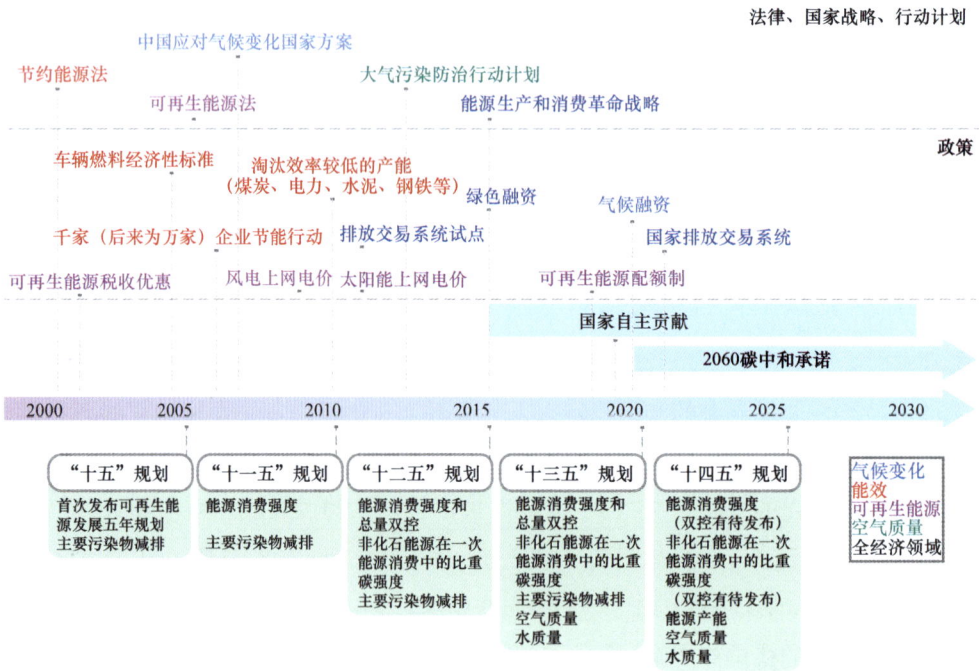

图 1-1　中国部分能源和气候政策的演进（来源：IEA[3]）

太阳能作为一种清洁安全、分布广泛的可再生能源，具有巨大的开发潜力。太阳是巨大的核聚变反应堆，释放的能量以辐射的形式到达地球，成为地球上最原始、最值得依赖的初级能源。目前，太阳能的利用主要包括三条技术路线：一是光电转换，利用光伏电池技术将太阳能转换为电能；二是光热转换，先将太阳能转化为热能，然后驱动热力循环发电；三是光化学能转换，通过光催化、人工光合作用等技术直接将太阳能转化为燃料中的化学能。其中，光电转换与光热转换的技术路线最为常见，且已迈入商业化、规模化阶段。

目前，太阳能获取与转换最普遍的装置是光伏电池。1954 年，世界上首个单晶硅光伏电池在实验室诞生，自此光伏发电技术从实验室研究开始走向大规模应用。截至 2024 年底，我国光伏累计装机容量达到 886.66GW，占总装机容量的 26.47%。国家发展改革委能源研究所预测，自"十五五"规划起，光伏的年新增装机容量将超过其他电源类型，2030 年的装机规模将成为所有电源类型的第一位，2035 年的光伏发电量将成为所有电源类型的第一位，到 2035 年，光伏总装机容量将达到 3000GW，占全国总装机容量的 49%，全年发电量为 3.5 万亿 kWh，占当年全社会用电量的 28％。

1.2　农业现代化发展历程

"悠悠万事，吃饭为大"是每个中国人的常识，"手中有粮，心中不慌"是全体中国人的共识。农业作为人类社会中至关重要的产业，也是满足民生需求的根本保障，其在粮食安全、食品供应、经济发展、生态平衡等方面都发挥着重要的作用。

中国是世界上农业起源最早的地区之一。《易经·系辞下》中写道："神农氏作，斫木为耜，揉木为耒，耒耨之利，以教天下，盖取诸益。"这说明公元前两千年智慧的劳动人民已经会使用农具，并传授农业耕作技术。中国的古代农业以农耕为主，种植小麦、稻米、谷物和蔬菜。这个时期的农业基本上是手工劳动，使用简单的农具。在封建社会时期，农业生产达到了相对稳定和高效的水平。农田经营被封建社会的地主掌握，农民受到严格的赋税和劳役制度的压迫。此时期，中国也见证了农业技术的进步，如农业水利工程的兴建、农业百科全书《农政全书》的编写等。

1980 年前后，随着家庭联产承包责任制的迅速推广，充分调动了农民的生产积极性，促进了农业生产的迅速发展。在 20 世纪后半叶，中国政府积极推动农业现代化，引入了新技术、化肥和农药，以提高农产品产量。步入 21 世纪后，中国继续致力于农业现代化，重视可持续发展和环境保护。政府鼓励农民采用科技创新，包括遗传改良和智能农业技术，以提高农产品质量和减少农药和化肥的使用。此外，中国还积极发展农村电商和农村旅游等农业衍生产业，提高农作物的市场及农民收入。

目前，中国是世界第一大粮食生产国和第三大粮食出口国。根据联合国粮农组织的数据，中国的总粮食产量通常占世界总产量的约 20％左右。中国用不足全球 9％的土地实现了约占世界 1/4 的粮食产量，养活了世界近 1/5 的人口，这是对世界稳定发展的巨大贡献。表 1-1 是 2022 年中国粮食播种面积、总产量及单位面积产量情况，全年粮食总产量 68652.8 万 t，单位面积产量 5801.7kg/hm²。

现代农业是一种农业生产方式，其特点是运用高科技、现代化设备、先进农业技术和管理方法，以提高农产品产量、质量和可持续性，同时降低资源浪费、环境影响和人工劳动强度。现代农业旨在提高农业生产效率、改善粮食分配和供应链，同时保护自然资源、生态系统和环境。

现代化农业的运行模式如图 1-2 所示，现代农业体系中强调科技的作用，通过科技赋能现代农业改革，帮助农民提高生产效率，减少人工劳动和时间成本。现代农业有以下三个重要特征：

表 1-1 　　　　　2022 年中国粮食播种面积、总产量及单位面积产量情况[4]

项目	播种面积（万 hm²）	总产量（万 t）	单位面积产量（kg/hm²）
全年粮食	11833.21	68652.8	5801.7
一、分季节			
1. 夏粮	2653.00	14740.3	5556.1
2. 早稻	475.51	2812.3	5914.3
3. 秋粮	8704.70	51100.1	5870.4
二、分品种			
1. 谷物	9926.88	63324.3	6379.1
（1）稻谷	2945.01	20849.5	7079.6
（2）小麦	2351.85	13772.3	5856.0
（3）玉米	4307.01	27720.3	6436.1
2. 豆类	1187.79	2351.0	1979.3
3. 薯类	718.54	2977.4	4143.7

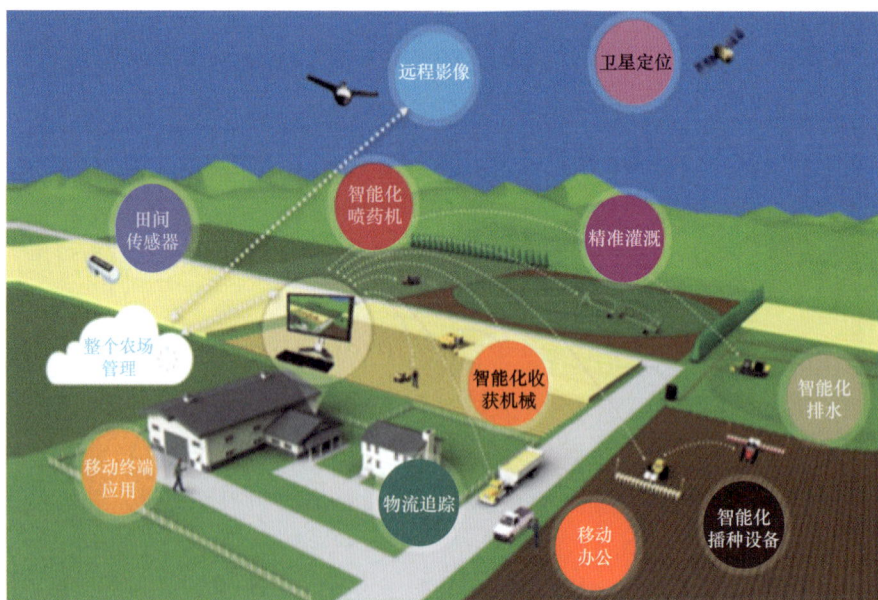

图 1-2　现代化农业的运行模式

（1）数字化。人工智能、5G、物联网、大数据等信息技术的快速发展，推进了经济社会各个领域的数字化转型，全球数字化的脚步已势不可挡，新形态数字经济将会是助推全球经济发展的重要趋势导向。在数字化转型的时代浪潮中，用数字经济赋能现代农业，是下一阶段的发展重点，也是全面推进乡村振兴，加快农业、农村现代化发展的关键。

　　数字农业是将信息作为农业生产要素，用现代信息技术对农业对象、环境和全过程进行可视化表达、数字化设计、信息化管理的现代农业。数字农业推动农业现代化的途径主要体现在三个方面：

一是促进传统农业向现代农业转型。我国的传统农业是以小农经济为主，数字农业依托新型信息技术，可以全方位深入"耕、中、管、收"各个环节，便于农业信息交换和信息共享，从而能够改变以往的农业生产经营方式，加速向现代农业的转变。

二是有助于产业结构优化升级。通过信息技术科学管理农业生产、储藏运输、流通交易等各个环节，为农业产业链提供一体化决策。

三是提高农业生产效率。数字技术融入农业生产的各个环节中，可以实现农业精准化生产，降低农业生产风险和成本，也可以使农业生产过程更加节能和环保。

总体来看，数字农业使信息技术与农业各个环节实现有效融合，对改造传统农业、转变农业生产方式具有重要意义，其可以推动农业生产高度专业化和规模化，构建完善的农业生产体系，并实现农业教育、科研和推广"三位一体"，有益于提升农业生产效率，实现农业现代化。

（2）智能化。现代农业发展智能化是通过整合先进的信息技术、自动化装置和数据分析等技术手段，来提高农业生产、管理和决策效率的过程。现代农业智能化使用各种传感器来监测土壤条件、气象变化、植物健康状况等。这些传感器可以实时采集数据，帮助农民了解农田的情况，以便采取及时的管理措施。农业中的无人机和卫星遥感技术可以提供高分辨率的图像和地理信息，帮助农民监测农田、作物和灌溉情况。这有助于精准施肥、灌溉和病虫害控制。智能农业利用自动化装置和机械设备来完成农业工作，如自动播种机、收割机和牲畜管理系统。这些设备提高了工作效率，减少了劳动力需求，无人机进行农药喷洒如图 1-3（a）所示。智能农业系统可以根据土壤测试和植物需求，精确计算所需的肥料和水量，以减少资源浪费，提高作物产量和质量，节水灌溉智能机器人如图 1-3（b）所示。

(a) 无人机进行农药喷洒　　　　　　　　(b) 节水灌溉智能机器人

图 1-3　现代农业智能化技术手段

室内农业或垂直农业是一种在受控环境下种植植物的方法，通常采用 LED 照明和气候控制系统。这种方法可以减少对自然资源的依赖，实现全年连续生产。物联网技术用于连接和监控农场设备、传感器和机械。这有助于实现实时数据传输和远程控制，提高农场管理的效率。智能农业有助于更好地管理自然资源，减少农业对环境的负面影响。通过优化资源使用和减少浪费，可以实现可持续的农业生产。

（3）可持续化。农业发展的可持续性是指在满足当前农业需求的同时，不损害后代满足其需求的能力的发展。土地、水和植物遗传资源是粮食生产的关键投入因素。在世界许多地区，这些要素日益稀缺，因此必须可持续地加以利用和管理。通过可持续的农业做法（包括恢复退化的土地）提高现有农地的产量，也将缓解出于农业生产目的的砍伐森林的压力。通过改进灌溉和储存技术，高效管理水资源，同时开发新的抗旱作物品种，有助于维持旱地的生产力。为了实现农业的可持续性，可以采取以下关键措施：

土地保护和土壤改良：采用土壤保护措施，如防止土地侵蚀和土地沙漠化。实施土壤改良措施，如有机肥料的使用和轮作，以提高土壤质量和肥力。

水资源管理：采用高效的灌溉系统，如滴灌和喷灌，以减少水资源浪费。采用水资源监测和管理技术，以确保合理的水资源分配和使用。

农业化学品管理：限制农药和化肥的过量使用，以减少农业对环境的污染。

采用生物农药和有机农业方法，以减少对生态系统的影响。

生态农业：鼓励有机农业和生态友好型农业实践，以减少化学品的使用，增加生态系统的多样性。保留和恢复农田周围的自然生态系统，如湿地和森林，以维持生态平衡。

多样化农作物：种植多样化的农作物，减少对单一作物的依赖，降低病虫害和气象灾害的风险。保护和保存珍贵的农作物品种，以维护遗传多样性。

节约能源和减排：采用能源效率更高的农业机械和设备，减少化石燃料的使用。推动农村可再生能源的使用，如太阳能和风能。

1.3　光伏发电与现代化农业互补技术

太阳能发电由于具有安全、便利等特点，被认为是防止全球气候变暖和化石资源枯竭的技术路线之一，其中，以光伏发电这一形式最为普遍。随着世界人口的持续增长，需要农业生产出更多的粮食，这也意味着更多的电力消耗。光伏发电如能应用到农业生产中，既可保障粮食安全，又可解决光伏的用地问题，同时还能达到环境保护和资源节约的目的。

早在 20 世纪 60 年代，英国、法国、印度、葡萄牙和美国等国的有关实验室就开展了太阳能在农业中应用的相关研究，应用方面包括农产品和木材烘干、养殖棚的空气调节等。随着光伏技术的出现，太阳能光伏在农业中的应用逐渐受到了关注。1975 年，首台光伏水泵面世，开启了光伏与农业结合的历程，利用光伏产生的电能为农业生产过程的设施设备供能也是光伏与农业结合的第一种形式。在此之后，光伏在农业中的应用逐渐呈现出多样化的态势，从刚开始的农业灌溉到现在的照明、通风、农业机械、农业自动化和农业机器人等。

为了达到光伏发电在电力供应总量中占比不断提升的目标，许多国家都积极投身于光伏电站的建设中。然而，作为光伏电站主要形式的地面光伏电站，其建设需要投入大片土地，土地资源成为光伏产业发展的 大限制因素。鉴于此，有学者提出了农光互补，也即一地两用，在同一土地上既进行农业生产又进行光伏发电。此后，农光互补在世界范围内开展了很多项目实践，将光伏电站建设在蔬菜水果种植园区、鱼塘、草原牧场、园林、果林等区域，成为光伏与农业结合的第二种形式。

光伏与农业结合，无论对于光伏的发展，还是现代化农业的发展，都是必然趋势。随着光伏技术的进一步发展，应用成本有望进一步降低，相较于传统的化石能源，光伏在农业领域具备更大的经济优势，将有助于促进其在农业中的更广泛应用。21世纪是光伏与现代化农业互补技术的规模化发展时期，应大力推进光伏与现代化农业互补技术的创新，科学设计光伏与现代化农业的互补模式，综合考虑光伏电站的设计、建设、运营及农业种植、养殖所必需的空间，实现一地多用，提高单位土地产出率。此外，光伏与现代化农业互补，同时需要满足植物、动物的生理需求，达到农光互补的效果和效益，实现生态农业、循环农业技术模式集成与创新，为农业可持续发展提供有力的技术支撑。

太阳能光伏发电发展历程及系统概述

2.1 光伏发展历程及政策解析

光伏电池是一种具有光电转换特性的半导体器件，可以直接将太阳辐射能转换成直流电，具有显著的能源、环保和经济效益，是最优质的绿色能源之一。在我国平均日照条件下安装 1kW 光伏电池，1 年可发出 1200kWh 的电，可减少煤炭（标准煤）使用量 400kg，减少 CO_2 排放约 1t。根据地域的不同，地球表面每平方米每年平均接收到的辐射能大致在 1000～2000kWh。全球表面接受的太阳辐射能达到全球能源需求的 1 万倍。

国际能源署的数据表示，在全球 4% 的沙漠上安装太阳能光伏发电系统，就可以满足全世界的能源需求。因此，光伏发电具有广阔的发展空间，且随着技术的不断进步及成本的不断降低，其在能源市场的作用越来越大。

2.1.1 光伏发展历程概述

早在 1839 年，法国物理学家埃德蒙·贝克勒尔（Edmond Becquerel）将电解液中镀银的白金电极接受光照，电极之间产生光生电压，进而首次发现了光伏效应[5]。1876 年，威廉·亚当斯（William Adams）等人在研究硒光电导效应时，首次发电固态物质中的光伏效应[6]。1883 年，查尔斯·弗里茨（Charles Fritts）在金和金属电极之间，首次制备了发电效率为 1%～2% 的光伏电池[7]。早期的光伏电池都是金属薄膜沉积在半导体表面。20世纪 30 年代，沃尔特·肖特基（Walter Schottkey）等人提出金属—半导体接触整流等理论，揭示了半导体和金属间的肖特基势垒是将入射光的电磁波转换为直流电的关键。直到20 世纪 50 年代，基于 p-n 结的高纯度硅片实现了更加明显的整流效果和光伏效应，相比肖特基势垒具有显著优势，随后半导体研究和应用得到进一步发展。

1953 年，美国贝尔实验室成功研制出了现代太阳能电池的雏形，在此之后光伏电池技术历经了三代发展。第一代光伏电池以晶硅电池为主，其材料成本偏高，往往通过增加输出电功率以实现低成本发电。20 世纪 70 年代的能源危机之后，如何降低成本及提高转换效率成为太阳能光伏利用所面临的挑战，以廉价的薄膜电池为主的第二代光伏电池，有望替代晶硅电池实现商业化利用。

近几年，以第一代和第二代光伏电池为代表的太阳能光伏发电技术得到大规模发展。截至 2013 年，单晶硅和多晶硅光伏电池占据 90％的市场份额，薄膜电池占据 10％左右的市场份额。在晶硅电池作为主要商用电池的背景下，各国在政策和技术层面不断寻求提升其发电效率，如中国在 2017 年第三批"领跑者"计划中，将单晶硅和多晶硅组件的光电转换效率门槛定为 18.9％和 18％，以促使企业和研发机构不断更新相关电池技术。

第一代和第二代光伏电池属于单结光伏电池（shockley-queisser，SQ）范畴，受单结光伏电池理论限制，其最高光电转换效率为 31％。为提高光电转换效率，20 世纪 90 年代，以叠层多结光伏电池为代表的第三代光伏电池技术被提出并进行了研究。相比之下，第三代光伏电池着重减少光电转换过程的不可逆损失，扩展光电转换波段范围，实现入射波段能量与电池带隙能之间较好的匹配，在光电转换效率方面有显著优势。截至 2022 年，四结聚光光伏电池的发电效率可达 47.6％，但由于成本较高，第三代光伏电池尚处于示范研究阶段。

光伏发电效率是光伏技术研究的核心，随着光伏技术的不断发展，光伏发电效率也在不断刷新，实验室各类太阳能电池效率及性能比较如表 2-1 所示。围绕单晶硅、多晶硅、砷化镓、薄膜光伏、染料敏化光伏、钙钛矿光伏及多结光伏等种类光伏电池的研发从未停止，在效率不断提高的同时，降低制造成本、延长光伏寿命，是促进各种光伏规模化应用的前提。

表 2-1　　　　　　　　　　各类太阳能电池实验效率及性能比较

电池种类	非聚光下最高效率（%）	聚光下最高效率（%）	优点	缺点
单晶硅	25.0	27.6	效率高，使用年限长	成本较高
多晶硅	21.3	—	成本较低，制作简单	效率不够高
非晶硅	13.6	—	价格便宜，生产速度快	效率较低，稳定性差
CdTe	21.5	—	工艺简单，易于大规模生产，成本低	Cd 是有毒的元素，而且 Cd 的天然储备量有限
CIGs	22.3	23.3	成本低，稳定性较好，抗辐射能力较强	In 和 Se 是稀有元素，材料储量有限
单结单晶砷化镓	27.5	29.1	光电转换效率高，抗辐射能力强	生产设备复杂，生产周期长，成本高
单结薄膜砷化镓	28.8		同上	同上
磷化铟	22.6	—	抗辐射能力最强，稳定性好	成本太高，材料来源有限
双结太阳能电池	31.6	34.1	—	—
三结太阳能电池	37.9	44.4	—	—
四结太阳能电池	38.8	46.0	—	—
有机太阳能电池	11.5	—	成本低廉，原料广泛	光电转换效率低

电池种类	非聚光下最高效率（%）	聚光下最高效率（%）	优点	缺点
染料敏化太阳能电池	11.9	—	易于大规模生产，成本低	光电转换效率低，稳定性差
量子点太阳能电池	10.6	—	可拓宽光谱吸收，稳定性较好	光电转换效率低
钙钛矿太阳能电池	21.0	—	成本非常低，效率较高，工艺简单	铅是有毒元素，电池的稳定性比较差

随着光伏电池的更新换代，其规模化、产业化的脚步也从未停止。1960 年，美国菲尼克斯仪表公司的工程师们研制成功了一座与公用电网连接的太阳能电站。这座电站能够向亚利桑那州普雷斯科特市的城市供应电力。1976 年，美国加利福尼亚州的卡松建成了全世界第一座大型商业化光伏电站，该电站总容量为 1MW，是当时世界上最大的光伏电站。中国第一座光伏电站于 1983 年在甘肃省兰州市榆中县园子岔乡建成，所用的太阳能单晶电池板由日本京瓷公司制造捐赠，甘肃自然能源研究所安装，总装机容量为 10kW。

20 世纪 80 年代，中国开始引进太阳能光伏电池板生产线。受太阳能光伏电池板出口赚取外汇的利益驱动，2002 年无锡尚德太阳能电力有限公司迅速崛起，在其带动下，2006 年全国光伏电池板产量达到了 438MW，2007 年达到了 1188MW，太阳能光伏电池板产能迅速超过欧洲、日本成为世界第一。当前，中国已经是全球第一大光伏生产国，在全球光伏企业 20 强中，中国占据 15 个席位，上游产业中全球硅片产量前十企业均来自中国，全球 96% 的硅片都是中国制造的。中国在光伏产业链的中游，光伏组件的加工能力也稳居世界第一，以隆基绿能科技股份有限公司、天合光能股份有限公司、晶澳太阳能科技股份有限公司、晶科能源控股有限公司和阿特斯阳光电力集团股份有限公司为首，中国光伏企业为全球市场供应了超过 70% 的光伏组件。

随着光伏产业链的发展，中国光伏电站的建设也进入扩张期。2001 年，我国推出"光明工程计划"，旨在利用光伏、风电及其他可再生能源解决边远无电地区 2300 万人口的用电问题。2005 年，西藏羊八井光伏电站并网成功，开创了光伏发电系统与电力系统高压并网的先河。2007—2013 年，中国光伏电站发展曲折，受金融危机影响，全球光伏组件需求量大幅降低，极大地打击了中国的光伏企业。2011 年，国家相继推出"金太阳工程"和"光电建筑应用示范"项目，促进光伏发电行业的持续快速发展。2014 年至今，光伏新增装机增速非常强劲。2015 年，国家能源局批复建设山西大同采煤深陷区国家先进技术光伏示范基地，如图 2-1（a）所示。这是我国首个促进先进技术光伏产品应用的大规模光伏电站，也是"光伏领跑者"计划中首个被批准的项目。全球最大装机容量的光伏发电园区位于青海省海南藏族自治州共和县，最大装机容量为 8430MW，为海南藏族自治州千万千瓦级生态光伏发电项目，也称"塔拉滩光伏发电园区"，宁夏（盐池）新能源综合示范区电站如图 2-1（b）所示。该光伏发电园区是中国首个千万千瓦级太阳能生态发电园，规划面积 609.6km^2，也是目前全球一次性投入最大、单体容量最大、集中发电规模最大的光伏电站群。

(a) 山西大同国家先进技术光伏示范基地

(b) 宁夏（盐池）新能源综合示范区电站

图 2-1　国内大规模光伏电站群现场图

2015—2024 年中国光伏发电新增装机容量如图 2-2 所示，中国光伏应用市场位于世界前列，新增装机容量连续 10 年居世界第一。中国光伏行业协会数据显示，2013 年，中国新增装机容量 10.95GW，首次超越德国成为全球第一大光伏应用市场，并在此后保持持续增长。2021 年末，中国太阳能光伏累计装机容量突破 3 亿 kW，其中，分布式光伏累计装机容量突破 1 亿 kW。2022 年，中国新增光伏并网装机容量 87.41GW，同比上升 59.3%，成为历年新增装机规模最大的一年。2024 年，我国光伏发电新增装机再创历史新高，达到 2.78 亿 kW，同比增长 28.5%，占全国新增装机约 64%，其中，12 月新增装机 5766 万 kW，创单月历史最高。截至 2024 年底，全国光伏发电累计装机容量达到 8.86 亿 kW，同比增长 45.5%，10 年年均增长率约 39.9%。光伏发电占全国电源总装机的 26.4%，同比提高 5.5 个百分点。

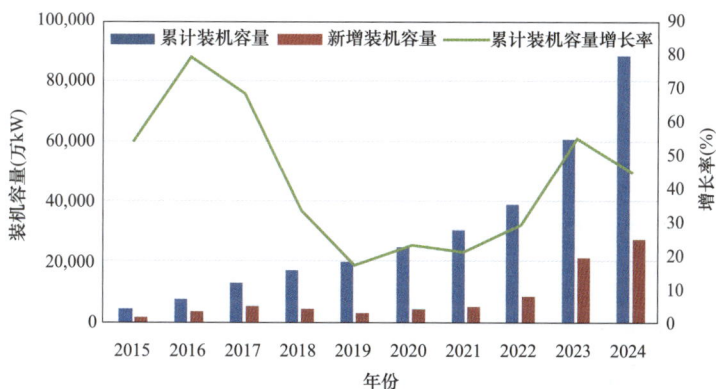

图 2-2　2007—2022 年中国光伏发电新增装机容量[9]

光伏快速发展的同时，也带来了一些备受关注的问题：

（1）一些地区过度扩展了光伏产能，导致产能过剩，这可能会引发价格下跌、企业盈利困难和资源浪费等问题。

（2）光伏发电系统具有间歇性和波动性，需要解决能源存储的问题，以在夜间或天气不佳时供电。电池技术和能源存储系统的发展仍然需要进一步推进。

（3）土地资源有限。中国是世界上人口最多的国家之一，其土地资源相对有限。因此，选择合适的土地用于光伏电站建设变得至关重要。

（4）地理分布不均。中国的光伏资源在地理上分布不均匀，一些地区的太阳辐射更丰富、更适合光伏发电。然而，这些地区可能与电力消费中心相距较远，需要长距离输电线路，增加了输电损耗和成本。

2.1.2　光伏政策的演变

随着光伏在电力市场中的占比不断增大，在我国能源发展战略中的地位不断上升，我国也相继颁布了一系列政策措施，为光伏产业发展创造了有利条件。

2005 年，第十届全国人民代表大会常务委员会第十四次会议通过《中华人民共和国可再生能源法》，自 2006 年 1 月 1 日起施行。这是我国可再生能源发展史上的里程碑，同时也为我国太阳能产业的发展注入了一针强心剂。《中华人民共和国可再生能源法》第十七条明确规定："国家鼓励单位和个人安装和使用太阳能热水系统、太阳能供热采暖和制冷系统、太阳能光伏发电系统等太阳能利用系统。"对于目前业界普遍关注的太阳能发电上网电价的问题，法案中也在第十九条做出规定：可再生能源发电项目的上网电价，由国务院价格主管部门根据不同类型可再生能源发电的特点和不同地区的情况，按照有利于促进可再生能源开发利用和经济合理的原则确定，并根据可再生能源开发利用技术的发展适时调整。上网电价应当公布。2006 年，国家发展改革委出台《〈中华人民共和国可再生能源法〉实施细则暂行办法》，规定了光伏发电执行"一事一议"的暂行办法。2007 年，国家电力监管委员会主席办公会议审议通过《电网企业全额收购可再生能源电量监管办法》，并于同年 9 月开始实施。2007 年，国家发展改革委发布《可再生能源中长期发展规划》，其中对太阳能光热和光电利用制定了明确的目标："为促进中国太阳能发电技术的发展，做好太阳能技术战略储备，建设若干个太阳能光伏发电示范电站和太阳能热发电示范电站。到 2010 年，太阳能发电总容量达到 300MW，到 2020 年达到 1800MW"。

2009 年 3 月，中华人民共和国财政部（简称财政部）、中华人民共和国住房和城乡建设部（简称住房和城乡建设部）联合印发了《关于加快推进太阳能光电建筑应用的实施意见》（财建〔2009〕128 号）旨在推动光电建筑应用，促进中国光电产业健康发展。该意见提出，为有效缓解光电产品国内应用不足的问题，在发展初期采取示范工程的方式，实施"太阳能屋顶计划",加快光电在城乡建设领域的推广应用。计划包括推进光电建筑应用示范,启动国内市场。在条件适宜的地区,组织支持开展一批光电建筑应用示范工程。突出重点领域,确保示范工程效果。放大示范效应,为大规模推广创造条件。2009年7月,财政部、科技部、国家能源局联合印发了《金太阳示范工程财政补助资金管理暂行办法》。政策规定:对并网光伏发电项目,国家将原则上按光伏发电系统及其配套输配电工程总投资的50%给予补助;其中,偏远无电地区的独立光伏发电系统按总投资的70%给予补助;对于光伏发电关键技术产业化和基础能力建设项目,主要通过贴息和补助的方式给予支持。单个光伏发电项目装机容量不低于300kW、建设周期原则上不超过1年、运行期不少于20年的,属于国家财政补助的项目范围。另外,政策也规定并网光伏发电项目的业主单位总资产应不少于1亿元人民币,项目资金不低于总投资的30%。独立光伏发电关键技术产业化示范项目及标准制定,也被列入补贴的范畴之内。其中,包括硅材料提纯、控制逆变器、并网运行等关键技术产业化项目,以及太阳能资源评价、光伏发电产品及并网技术标准、规范制定和检测认证体系建设等。

2009年8月31日前,有关项目将报财政部、科技部、国家能源局,原则上每省(含计划单列市)示范工程总规模不超过20MW。"金太阳"工程是继中国政府在2009年3月出台对光电建筑每瓦补贴20元政策之后的又一重大财政政策,将适时推动中国光伏发电项目的发展。2011年,中国政府在"十二五"规划中明确提出了可再生能源的发展目标,包括太阳能和风能。该规划鼓励大规模光伏项目建设,并制定了相关政策来支持光伏发电的发展。

2011年8月,国家发展改革委发布了《关于完善太阳能光伏发电上网电价政策的通知》(发改价格〔2011〕1594号)。该通知中明确规定:对非招标太阳能光伏发电项目实行全国统一的标杆上网电价。2011年7月1日以前核准建设、2011年12月31日建成投产、国家发展改革委尚未核定价格的太阳能光伏发电项目,上网电价统一核定为1.15元/kWh(含税)。2011年7月1日及以后核准的太阳能光伏发电项目,除西藏仍执行1.15元/kWh的上网电价外,其余省(自治区、直辖市)上网电价均按1元/kWh执行。今后,将根据投资成本变化、技术进步情况等因素适时调整。上网电价政策的出台,必将推动光伏发电的快速发展。

2012年,国家能源局印发《太阳能发电发展"十二五"规划的通知》(国能新能〔2012〕194号),规划中提到"十二五"期间,要实现光伏技术的全面突破,促进太阳能发电的规模化应用,晶硅电池效率20%以上,硅基薄膜电池效率10%以上,碲化镉、铜铟镓硒薄膜电池实现商业化应用,装机成本1.2万～1.3万元/kW,初步实现用户侧并网光伏系统平价上网,公用电网侧并网光伏系统上网电价低于0.8元/kWh,基本掌握多种光伏微网系统关键部件及设计集成技术,实现示范应用。

2013年6月4日,欧盟委员会宣布自6月6日起对产自中国的太阳能电池板及关键器件征收 11.8% 的临时反倾销税，给中国光伏产业带来了致命打击，同时引发了国际贸易争议。2014 年，《国家能源局关于进一步落实分布式光伏发电有关政策的通知》（国能新能〔2014〕406 号）中指出，大力推进光伏发电多元化发展，加快扩大光伏发电市场规模，进一步推进分布式光伏发电发展，完善分布式光伏发电接网和并网运行服务，进一步创新分布式光伏发电应用示范区建设，完善分布式光伏发电的电费结算和补贴拨付。

2015 年，国家能源局下发《国家能源局关于下达 2015 年光伏发电建设实施方案的通知》（国能新能〔2015〕73 号），规定 2015 年下达全国新增光伏电站建设规模 1780 万 kW。2015 年，各地区计划新开工的集中式光伏电站和分布式光伏电站项目的总规模不得超过下达的新增光伏电站建设规模，光伏扶贫试点省（自治区）（河北、山西、安徽、宁夏、青海和甘肃）安排专门规模用于光伏扶贫试点县的配套光伏电站建设。鼓励各地区优先建设以 35kV 及以下电压等级（东北地区 66kV 及以下）接入电网、单个项目容量不超过 2 万 kW 且所发电量主要在并网点变电台区消纳的分布式光伏电站项目，原则上单个集中式光伏电站的建设规模不小于 3 万 kW，可以一次规划、分期建设。

2016 年，国家能源局下发了《2016 年光伏发电建设实施方案》，鼓励各省（自治区、直辖市）发展改革委（或能源局）建立招标、优选等竞争性方式配置光伏电站项目的机制，促进光伏发电技术进步和上网电价下降。对于采取竞争方式配置项目且显著推动上网电价下降的地区，其当年建设规模可直接按本省（自治区、直辖市）上网电价平均降幅（比例）的 2 倍予以调增，调增的规模仍按竞争方式分配给具体项目。

2017 年，国家发展和改革委与国家能源局正式印发《能源发展"十三五"规划》，指出鼓励分布式光伏发电与设施农业发展相结合，推进绿色能源乡村建设，完成 200 万建档立卡贫困户光伏扶贫项目建设。

2018 年 5 月 31 日，《国家发展改革委 财政部—国家能源局关于 2018 年光伏发电有关事项的通知》（发改能源〔2018〕823 号），提出暂不安排 2018 年普通光伏电站建设规模，加快光伏发电补贴退坡，降低补贴强度。新投运的光伏电站标杆上网电价统一降低 0.05 元/kWh，新投运的、采用"自发自用、余电上网"模式的分布式光伏发电项目，全电量度电补贴标准降低 0.05 元。这项通知的颁布为如火如荼的光伏市场泼了一盆冷水，也是经历这次打击，一些光伏龙头企业真正成长起来，加快科技创新与突破，引领全球光伏行业发展。

2020 年，《国家发展改革委关于 2020 年光伏发电上网电价政策有关事项的通知》（发改价格〔2020〕511 号），该通知中指出从 2020 年 6 月 1 日起，Ⅰ-Ⅲ类资源区新增集中式光伏电站指导价分别为 0.35 元/kWh、0.4 元/kWh、0.49 元/kWh；"自发自用、余电上网"模式的工商业分布式光伏项目补贴标准为 0.05 元/kWh；户用分布式光伏补贴标准调整为 0.08 元/kWh，分布式补贴下调超过五成。

2021 年，国家发展改革委出台 2021 年新能源上网电价政策，明确 2021 年起对新备案集中式光伏电站、工商业分布式光伏项目和新核准陆上风电项目（简称新建项目），中央财政不再补贴，实行平价上网，同时为支持产业加快发展，明确 2021 年新建项目不再通过竞争性方式形成具体上网电价，直接执行当地燃煤发电基准价，这释放出清晰强烈的价格信号，有利于调动各方面投资积极性，推动风电、光伏发电产业加快发展，促进以新能源为主体的新型电力系统建设，助力实现碳达峰、碳中和的目标。

2022 年，国家发展改革委、国家能源局印发《"十四五"现代能源体系规划》，该规划中指出"十四五"期间要提高农村绿电供应能力，实施千家万户沐光行动，积极推动屋顶光伏、农光互补、渔光互补等分布式光伏建设。

中国的光伏政策一直在不断调整和更新，以适应光伏行业的发展和国内外的市场变化。政府的政策措施旨在加速清洁能源过渡，促进可持续发展，降低环境和气候风险，创造就业机会，提高能源安全性，推动技术创新，为能源结构转型保驾护航。

2.1.3 光伏发展的必要性

根据国家能源局最新发布，2023 年 1—9 月，中国完成新增光伏装机容量 128.94GW，同比增长 145%；累计装机容量 521.08GW，同比增长 45.3%。至此，国内光伏年新增装机容量首次实现超过 100GW。根据国际可再生能源署（IRENA）的预测，预计到 2050 年全球光伏装机容量将达到 18200GW，调升幅度近 30%，未来光伏仍将继续保持蓬勃向上的态势。

（1）国家政策利好。在"稳增长"大环境下，国家政策对新基建、新能源不断加码，持续催化新能源行业发展，光伏在持续开发大规模电站的基础上，在建筑、农业、交通、通信等领域不断渗透，成为我国能源结构转型的重要途径。光伏发电成为最有竞争力的电源形式之一，产业长期发展空间广阔。截至 2023 年 6 月底，全国光伏累计装机约 4.7 亿 kW，光伏已经成为国内装机规模第二大的电源，仅次于煤电。伴随国家发展改革委、国家能源局等部委陆续出台《"十四五"现代能源体系规划》等系列重磅支持文件，将有效推动光伏等新能源基地建设，为光伏行业带来较高增量空间。

（2）光伏产业链完备。在全球能源转型的大背景下，光伏行业的发展潜力巨大。太阳能资源丰富，理论上可以覆盖全球能源总消费。近年来，光伏行业的成本已经大幅降低，特别是在中国、欧洲和美国，光伏度电平准化成本已经低于传统化石能源发电成本。中国光伏产业已实现产业链全覆盖，并在全球占有较高产能比重。在制造段各细分产业链中，从上游的晶体硅材料、硅片的生产制造，到中游的以单晶硅、多晶硅太阳电池为主的太阳电池和光伏组件，以及各类型逆变器的生产制造；再到下游的光伏发电系统应用，均得到了快速发展并实现了全球领先。

（3）投资回报前景明朗。光伏发电成本在规模效应和技术迭代的双重效应下，光伏电站已实现平价上网，依托不断深化的市场化改革，其现金流的稳定性和可预测性日趋改善，投资价值不断获得资本市场认可，交易模式日趋成熟，收到越来越多投资人及跨界企业关注。在绿色低碳的持续催化下，吸引城投、通信、石化等业内名企入局，衍生出"光伏＋工业""光伏＋5G""光伏＋农业"等复合模式，满足了用能方绿电需求，降低其整体产业链的碳排放量。

2.2 太阳能光伏发电系统分类、构成与原理

2.2.1 太阳能光伏发电系统分类

太阳能光伏发电系统（简称光伏发电系统）可分为离网光伏发电系统和并网光伏发电系统两大类。光伏发电系统的分类及具体应用如图 2-3 所示。

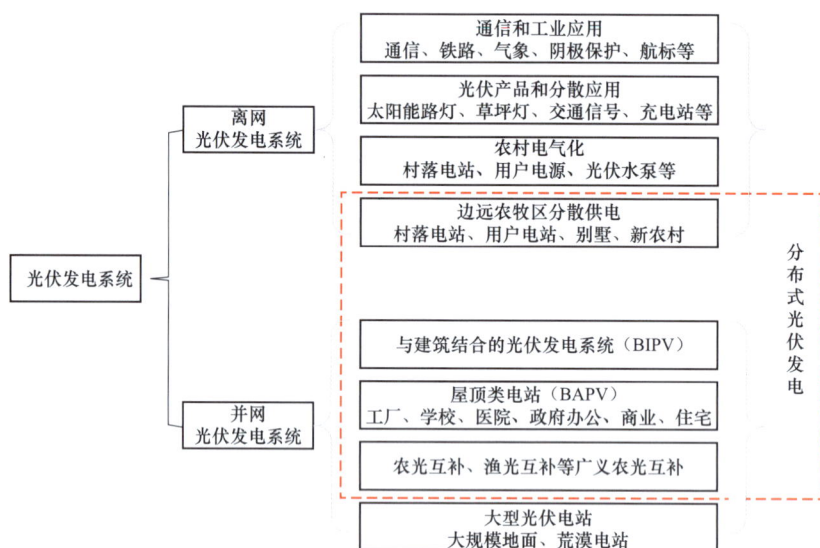

图 2-3 光伏发电系统的分类

离网光伏发电系统主要指分散式的不与电网连接的发电供电系统，其主要运行方式有两种：

（1）系统独立运行向附近用户供电。

（2）系统独立运行，但在光伏发电系统与当地电网之间有保障供电的自动切换装置。

并网光伏发电系统主要是指与公共电网连接的各种形式的光伏发电系统，按运行方式可分为三种：

（1）系统与电网并联运行，但光伏系统对当地电网无电能输出。

（2）系统与电网并联运行，且能向当地电网输出电能。

（3）系统与电网并联运行，并配置一定容量的储能装置，可根据需要切换成局部用户独立供电系统，也可以构成局部区域或用户的"微电网"运行方式。

按装机容量的大小，光伏发电系统可分为小型光伏发电系统（小于 1MW）、中型光伏发电系统（1～30MW）和大型光伏发电系统（大于 30MW）。

按并网电压等级不同，光伏发电系统可分为小型光伏电站（接入电压等级为 0.4kV 低压电网）、中型光伏电站（接入电压等级为 10～35kV 高压电网）、大型光伏电站（接入电压等级为 66kV 及以上高压电网）。

2.2.2 光伏发电系统的构成

光伏发电系统主要由光伏组件、逆变器、直流汇流箱、直流配电柜、交流汇流箱、升压变压器、光伏支架，以及一些测试、监控、防护等附属设施构成。部分光伏系统配套储能系统、光伏控制器等。

1. 光伏组件

组件是光伏发电系统中实现光电转换的核心部件，其作用是将太阳光的辐射能量转换为直流电能，并通过逆变器转换为交流电为用户供电或并网发电。当装机规模较大时，需将多块光伏组件串、并联后构成光伏方阵。目前，应用的光伏组件主要分为晶硅组件和薄膜组件。晶硅组件分为单晶硅组件、多晶硅组件；薄膜组件包括非晶硅组件、微晶硅组件、铜铟镓硒组件和碲化镉组件等几种。

2. 逆变器

光伏逆变器的主要功能是把光伏组件输出的直流电尽可能多地转换为交流电，提供给电网或者用户使用。在一定的工作条件下，光伏组件的功率输出随着光伏组件两端输出电压的变化而变化，并且在某个电压值时，组件的功率输出最大，因此逆变器一般都具有最大功率跟踪（maximun power point tracking，MPPT）功能，能够自动调整组件两端电压使组件的功率输出最大。

3. 直流汇流箱

直流汇流箱的主要作用是把光伏组件方阵的多路直流输出电缆集中输入、分组连接到直流汇流箱中，并通过直流汇流箱中的光伏专用熔断器、直流断路器、电涌保护器及智能监控装置等的保护和检测后，汇流输出到光伏逆变器。直流汇流箱的使用，大大简化了光伏组件与逆变器之间的连线，提高了系统的稳定性和实用性，使线路连接井然有序，便于分组维护检修。当光伏方阵局部发生故障，可以局部分离检修，不影响整体发电系统持续工作，保证光伏系统发挥最大效能。

4. 直流配电柜

大型的光伏发电系统，除采用多个直流汇流箱外，还需若干个直流配电柜作为光伏系统中二、三级汇流之用。直流配电柜主要是将各个直流汇流箱输出的直流电缆接入后再次进行汇流，然后输出与并网逆变器连接，有利于光伏发电系统安装、操作与维护。

5. 交流汇流箱

交流汇流箱的主要作用是把多个逆变器输出的电流经过二次集中汇流后送入到交流配电柜中，一般主要用在组串式逆变器系统中。

6. 升压变压器

升压变压器在光伏发电系统中主要用于将逆变器输出的低压交流电升压到与并网电压等级相同的中、高压电网中，如 10kV、35kV、110kV、220kV 等。通过高压并网实现电能的远距离传输。小型并网分布式光伏系统基本都是用户侧直接并网，自发自用，余电直接接入 0.4kV 低压电网，不需要升压环节。

7. 光伏支架

光伏系统支架主要有固定倾角支架、倾角可调支架、自动跟踪支架、柔性支架几种。目前，应用最为广泛的是固定倾角支架和倾角可调支架。

8. 附属设施

光伏发电系统的附属设施包括系统运行的监控和检测系统、防雷接地系统等。监控和检测系统全方位监控光伏发电系统的运行状况，包括组件运行状态、逆变器工作状态、光伏方阵电流电压、输出功率等数据，并通过有线或无线方式通过计算机或手持终端将数据传输至能源管控平台。防雷接地系统是一个系统工程，完整的防雷接地系统包括直击雷防护、等电位连接措施、屏蔽措施、规范的综合布线、电涌保护器防护和完善合理的公用接地系统 6 个部分组成。其主要作用将雷电引入大地，防止雷电对光伏系统和相关电气设备造成损害。

9. 储能系统与光伏控制器

储能系统主要用于离网光伏发电系统和配套储能的并网光伏发电系统，其作用主要是储存电能，并可随时响应电网调度指令向负载供电。光伏发电系统配套的储能系统一般具有自放电率低、寿命长、充电效率高、深放电能力强、工作温度范围宽、维护简便等特点。

光伏控制器是离网光伏发电系统的主要部件，其作用是控制整个系统的充放电工作状态，实现蓄电池的充电、放电管理，维持光伏发电系统的供电平衡。防止蓄电池过充、过放、短路、系统极性反接和夜间防反充等。

2.2.3　离网光伏发电系统

离网光伏发电系统主要由光伏组件、光伏控制器、储能蓄电池、光伏逆变器、交直流配电箱、光伏支架等组成。离网光伏发电系统不与电网连接，夜间用电需要利用储存在蓄电池中的能量。离网光伏发电系统的装机容量和储能容量必须满足用户最大用电量需求。

离网光伏发电系统的核心部件是光伏组件，它将太阳能直接转化为电能，并通过光伏控制器把产生的电能存储于蓄电池中。当负载用电时，蓄电池将电能通过光伏控制器合理地分配到各个负载上。光伏发电系统所产生的电流为直流电，可直接以直流电的形式应用，也可用光伏逆变器将其转化为交流电，供交流负载使用。

离网光伏发电系统适用于以下场景：

（1）远离电网的边远地区、农林牧区、山区、岛屿。

（2）不需要并网的场景。

（3）夜间、阴雨天等也需要供电的场合。

（4）不需要备用电源的场合等。

一般来说，远离电网而又必须要电力供应的地方及柴油发电等需要运输燃料、发电成本较高的场合，使用离网光伏发电系统将比较经济、环保，可优先考虑。有些场合为了保证离网供电的稳定性、连续性和可靠性，往往还需要采用柴油发电机、风力发电机、大容量储能系统等与光伏发电系统构成风光储互补的微电网发电系统。

根据用电负载特点，离网光伏发电系统可分为下列几种形式：

1. 独立供电光伏发电系统

独立供电光伏发电系统工作原理如图 2-4 所示。该系统由光伏组件、光伏控制器、储能蓄电池等组成。有阳光时，将光能转换为直流电向蓄电池充电，同时通过逆变器把直流电转化为交流电，为负载提供电能。夜间或阴天时，由储能蓄电池将存储的电能通过逆变器转化为交流电向负载供电。这种系统广泛应用于远离电网的移动通信基站、微波中转站、边远地区供电。

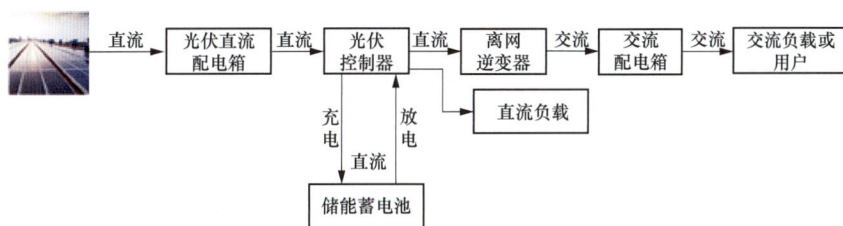

图 2-4 独立供电光伏发电系统工作原理

2. 自动切换的光伏发电系统

自动切换的光伏发电系统工作原理如图 2-5 所示，所谓自动切换就是离网系统具有与公共电网自动运行双向切换的功能。当光伏发电系统因多云、阴天及自身故障等原因导致发电量不足时，切换器自动切换到公共电网供电一侧，由电网向负载供电；当电网发生故障停电时，光伏系统可以自动切换使系统与电网分离，成为独立光伏发电系统。

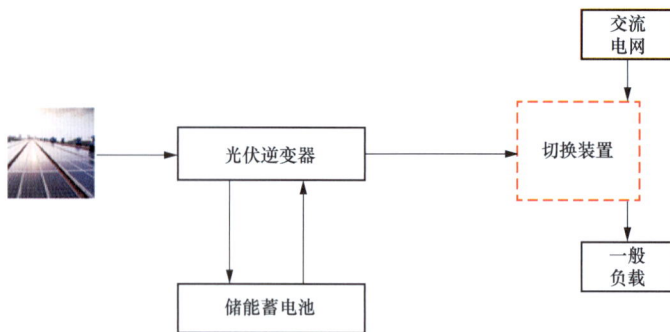

图 2-5　能自动切换的光伏发电系统工作原理

3. 市电互补型光伏发电系统

市电互补型光伏发电系统工作原理如图 2-6 所示。所谓市电互补光伏发电系统，就是在独立光伏风电系统中以太阳能光伏发电为主，以普通 220V 交流电补充电能为辅。晴天光伏发电量高，当天就可用太阳能发的电，遇到阴雨天可用市电做补充。这种形式减小了光伏电站的一次性初投资，同时又有显著的节能减排效果，是太阳能光伏发电在推广和普及过程中的一个过渡性好办法。

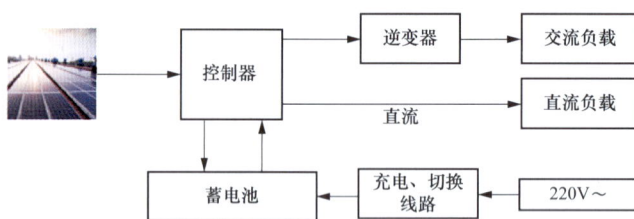

图 2-6　市电互补型光伏发电系统工作原理

4. 风光互补及风光油互补光伏发电系统

风光互补及风光油互补光伏发电系统工作原理如图 2-7 所示。所谓风光互补，是指在光伏发电系统中并入风力发电系统，使太阳能与风能根据各自的气象特征形成互补。一般来说，白天天气好光伏系统正常运行，夜晚无阳光时，往往风力比较大，风机发电恰好弥补光伏发电系统的不足。风光互补发电系统同时利用太阳能和风能发电，更好地发掘气象资源的潜力，实现昼夜发电，提高了系统供电连续性和稳定性，但在风力资源欠佳的地区不宜使用。

另外，在比较重要或供电稳定性要求高的场合，还需要采用柴油发电机与光伏、风力发电系统构成风光油互补的发电系统。柴油发电机一般处于备用状态或小功率运行待机状态，当风光发电不足和蓄电池储能不足时，由柴油发电机补充供电。

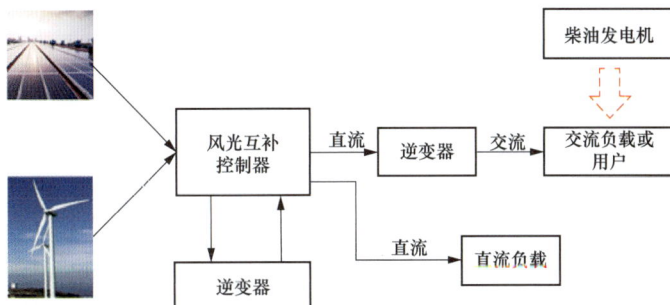

图 2-7　风光油互补光伏发电系统工作原理

2.2.4　并网光伏发电系统

并网光伏发电系统是将电池组件或方阵产生的直流电经过逆变器转换成符合电网要求的交流电之后直接接入公共电网。并网光伏发电系统有大型集中式地面光伏电站系统，也有分布式光伏电站系统。大型地面光伏电站一般都是国家级电站，主要特点是将所发电能直接输送到电网，由电网统一调配向用户供电。这种电站投资大、建设周期长、占地面积大，需要复杂的控制设备和远距离高压输配电系统，其发电成本要比传统能源发电成本贵1倍以上。目前，在中国西部地区得到广泛的开发与建设，一些项目还处在国家政策补贴阶段。而分布式光伏电站，特别是与建筑物相结合的屋顶光伏发电系统、光伏建筑一体化发电系统等，由于投资小、建设快、占地面积小甚至不占用土地、政策支持力度大等优点，是目前和未来并网光伏发电应用的主流。

那么，什么是分布式光伏发电呢？分布式光伏发电主要是指在用户的场地或场地附近建设和并网运行的、不以大规模远距离输送为目的，所生产的电力以用户自用及就近利用为主，多余电量上网，支持现有电网运行，且在配电网系统平衡调节的光伏发电设施。

分布式光伏发电系统一般接入10kV以下电网，单个并网点总装机容量不超过6MW。以220V电压等级接入的分布式光伏发电系统，单个并网点总装机容量不超过8kW。

国家能源局在《关于进一步落实分布式光伏发电有关政策的通知》（国能综新能〔2014〕406号）文件中，又将分布式光伏发电的定义扩展为：利用建筑屋顶及附属场地建设的分布式光伏发电项目，在项目备案时可选择"自发自用、余电上网"或"全额上网"中的一种模式。在地面或利用农业大棚等无电力消费设施建设、以35kV及以下电压等级接入电网（东北地区66kV及以下）、单个项目容量不超过2万kW（20MW）且所发电量主要在并网点变电台区消纳的光伏电站项目，可纳入分布式光伏发电规模指标管理。

分布式并网光伏发电系统是相对集中式大型并网光伏电站而言。集中式大型并网光伏电站其主要特点是将所发电能直接输送到电网，由电网统一调配向用户供电。而分布式并网光伏发电系统，特别是与建筑物相结合的屋顶光伏发电系统、光伏建筑一体化发电系统等，由于投资小、建设快、占地面积小、政策支持力度大等优点，是日前和未来并网光伏发电的主流。

分布式并网光伏发电系统所发的电能直接就近分配到周围用户，多余或不足的电力通过公共电网调节，多余时向电网送电，不足时由电网供电。

常见的并网光伏发电系统有下列几种形式：

1. 有逆流并网光伏发电系统

有逆流并网光伏发电系统工作原理如图 2-8 所示。当光伏发电系统发出的电能充裕时，可将剩余电能馈入公共电网，向电网送电（卖电）；当光伏发电系统提供的电力不足时，由电网向用户供电（买电）。由于该系统向电网送电时与由电网供电的方向相反，所以称为有逆流并网光伏发电系统。

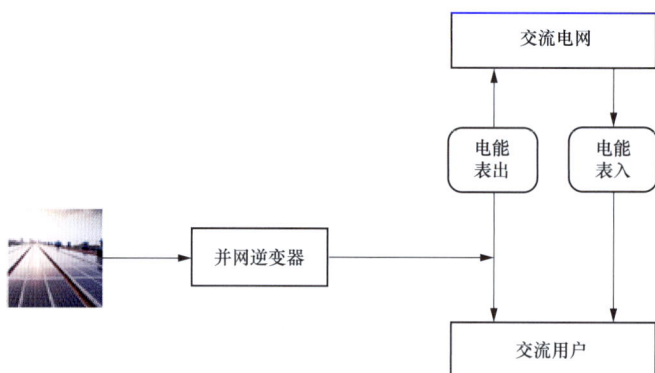

图 2-8　有逆流并网光伏发电系统工作原理

2. 无逆流并网光伏发电系统

无逆流并网光伏发电系统工作原理如图 2-9 所示。无逆流并网光伏发电系统即使发电充裕时也不向公共电网供电，但当光伏系统供电不足时，则由公共电网向负载供电。

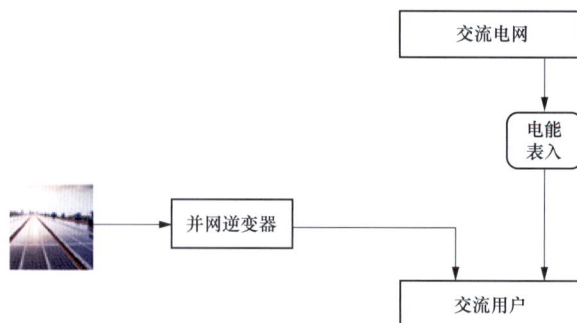

图 2-9　无逆流并网光伏发电系统工作原理

3. 配置储能装置的并网光伏发电系统

配置储能装置的并网光伏发电系统工作原理如图 2-10 所示，就是在上述两种并网光伏发电系统中根据需要配置储能装置。带有储能装置的并网光伏发电系统主动性较强，当电网出现停电、限电及故障时，可独立运行并正常向负载供电。因此，带有储能装置的并网光伏发电系统可作为紧急通信电源、医疗设备。加油站、避难场所指示及照明等重要场所或应急负载的供电系统。同时，带储能系统的并网光伏发电对减少电网冲击，削峰填谷，提高用户光伏电力利用率，建立智能微电网等具有非常重要的意义。光伏＋储能也会成为今后扩大光伏发电应用的必由之路。

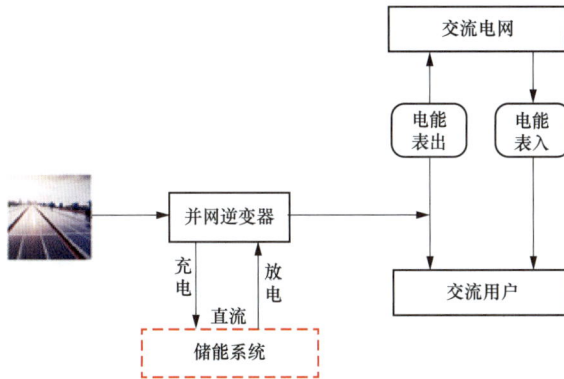

图 2-10　配置储能装置的并网光伏发电系统工作原理

4. 分布式智能电网光伏发电系统

分布式智能电网光伏发电系统工作原理如图 2-11 所示。该系统利用离网光伏发电系统中的充放电控制技术和电能存储技术，克服单纯并网光伏发电系统受自然环境条件影响使输出电压不稳、对电网冲击严重等弊端，同时能部分增加光伏发电用户的自发自用量和上网售电量。另外，利用各自系统储能电量和用电量的不同及时间差异化，可以使用户在不同的时间段并入电网，进一步减少对电网的冲击。

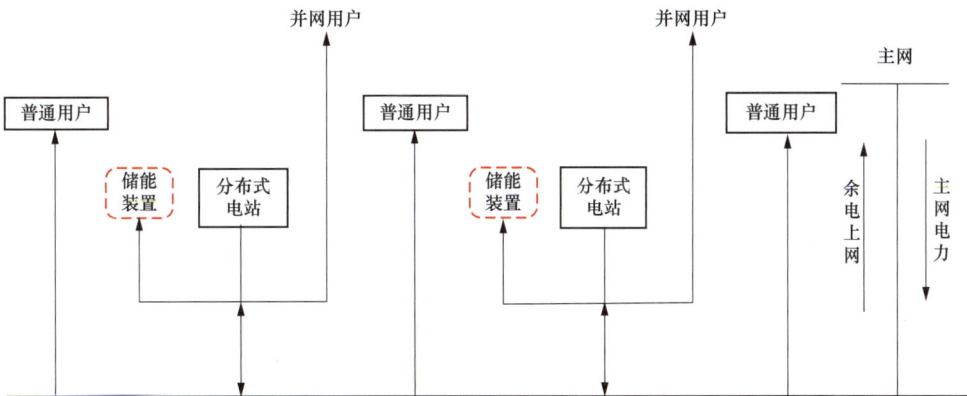

图 2-11　分布式智能电网光伏发电系统工作原理

该系统中每个单元都是一个带储能装置的并网光伏发电系统，都能实现光伏并网发电和离网发电的自动切换，保证了光伏并网发电和供电的可靠性，缓解了光伏并网发电系统启停运行对公共电网的冲击，增加了用户用电的自发自用量。

分布式智能电网光伏发电系统是今后并网光伏发电应用的趋势和方向，其主要优点如下：

（1）减少对电网的冲击，稳定电网电压，抵消高峰时段的用电量。

（2）增加用户的自发自用量或卖电量。

（3）在电网发生故障时，能独立运行，解决覆盖范围的正常供电。

（4）确保和增加光伏发电在整个能源系统中的占比和地位。

5. 大型并网光伏发电系统

大型并网光伏发电系统由若干个并网光伏发电单元组合构成。每个光伏发电单元将太阳能电池方阵发出的直流电经光伏并网逆变器转换成 380V 交流电，经升压系统变成 10kV 的交流高压电，再送入 35kV 交电系统后，并入 35kV 的交流高压电网。35kV 交流高压电经降压系统后变成 380～400V 交流电作为发电站的各用电源。

2.3　光伏组件形式

在过去 10 年间，光伏组件技术实现了日新月异的发展，越来越多的新型组件进入市场，商业化产品的生产效率也随之提升。现阶段，市场上常见的光伏组件包括多晶硅光伏组件、单晶硅光伏组件、碲化镉光伏组件、铜铟镓硒光伏组件和非晶硅光伏组件。其中，包括碲化镉光伏组件和铜铟镓硒光伏组件在内的薄膜光伏组件及单晶硅光伏组件的市场发展规模正在进一步壮大。

2.3.1　初代硅基光伏组件

1. 晶硅光伏组件

初代硅基光伏组件包括多晶硅和单晶硅光伏组件。此类光伏组件的技术发展已趋于成熟，作为最早实现商业化应用的光伏组件，在市场占有率方面拥有明显优势。在光伏组件材料加工工艺不断更新变化的当下，此类光伏组件的转换效率仍处于稳步提升的状态，实验室效率已突破 25%，再加上生产成本较低，受到市场认可和买方青睐。

单晶硅和多晶硅光伏组件光伏组件（见图 2-12）的组成主要包括上下盖板、封装材料、太阳能电池、互连条、汇流条，不同组成部分发挥着不同的作用。其中，上盖板可以保护光伏组件的受光侧，大多处于光伏组件的正表面，主要由透光率较高的低铁钢化绒面玻璃制作而成。下盖板可以保护光伏组件背光面，一般来说，晶硅光伏组件下盖板材料的选择较为多样化，除聚氟乙烯复合膜结构背板和聚偏二乙烯复合膜结构背板外，氟树脂类涂覆结构背板、透明有机材料背板和玻璃背板等多种材料背板均能用于下盖板的制作，这些背板往往具有极强的耐老化性、阻水及绝缘性。封装材料主要起到连接和密封的作用，能将上盖板、太阳能电池连接组和下盖板连接到一起，并完成密封。封装材料大多由聚烯烃弹性体（polyolefin elastomer film，POE）膜、乙烯-醋酸乙烯共聚物（polyethylene vinylacetate，EVA）膜或其他封装胶膜构成。在选择封装胶膜时，必须密切关注其黏结性和柔韧性，保证其具有较强的化学稳定性，且耐紫外线照射、耐高温高湿环境。

图 2-12　单晶硅和多晶硅光伏组件

2. 高效晶硅光伏组件

随着技术发展，高效晶硅光伏组件应运而生。高效晶硅光伏组件具有较高的转换效率，目前市场上应用频率较高的高效晶硅光伏组件包括本征薄层异质结光伏组件、交指式背接触光伏组件、隧穿氧化层钝化接触光伏组件、发射极钝化和背面接触光伏组件[10]。

本征薄层异质结光伏组件如图 2-13 所示，对非晶硅薄膜和单晶硅衬体的异质结构进行了合理应用，针对性地解决了常规光伏组件衬底接触区域和掺杂层的高度载流子复合损失现象。此类光伏组件集合了非晶硅和单晶硅光伏组件的基本势，不但具有较佳的稳定性，而且转换效率极高，工艺环节较少，成本造价也较低。

交指式背接触光伏组件的背面设置了金属接触电极和 PN 结，两者以交指形态展现，这不仅防止了正面金属栅线电极遮挡入射光，由倒金字塔绒面结构和减反层所构成的线光结构还能让入射光进一步扩大。

隧穿氧化层钝化接触光伏组件主要采用背面超薄氧化硅和多晶硅的复合型结构，并由此构成了优良的钝化接触结构，此类结构不仅能实现光伏组件表面的钝化，同时还能降低界面复合，提升光伏组件的性能。

发射极钝化和背面接触光伏组件由常规背场电池结构发展而来，其依托氧化铝膜实现光伏组件背表面的钝化，让 PN 结的电势差增加，背表面的载流子复合降低。

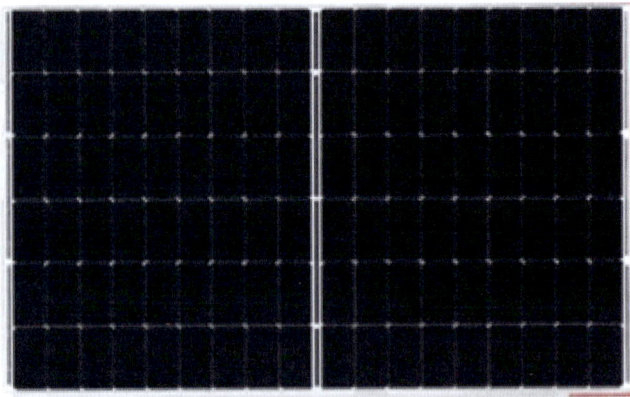

图 2-13　异质结光伏组件

除了以上光伏组件，铝背场光伏组件、金属绕通光伏组件、全背面扩散光伏组件等高效晶硅光伏组件的应用也已初具规模。

2.3.2　二代薄膜光伏组件

1. 碲化镉光伏组件

碲化镉发电玻璃组件（见图 2-14）的结构包含上下衬底两大部分。上衬底多为透明玻璃衬底，下衬底为不锈钢柔性衬底。当下，以碲化镉光伏组件为代表的薄膜光伏组件已成为广大光伏厂商的研制焦点，碲化镉光伏组件也逐渐成为光伏领域备受认可的技术高峰，此类光伏组件不仅突破了晶硅光伏组件无法实现弱光发电的局限，同时还能在建筑立面中得到高效应用，让光伏发电的应用场景进一步拓宽。据不完全统计，全球薄膜光伏组件市场占有率 4%，而其中碲化镉光伏组件的占比突破了 97%，由此可见，薄膜光伏组件的产能布局将进一步优化，其未来的应用市场极为广阔。

图 2-14　碲化镉发电玻璃组件

与晶硅相比，碲化镉有以下几大优势：

（1）弱光发电。经过实验对比，在同等装机容量，同一地区碲化镉发电量比晶硅高 8.8%～12%。当然，阴雨天气情况下的发电效果肯定比不上晴天，我们忽视发电时长，是因为晶硅的产品都无法在弱光情况下发电。

（2）透光率可调且可满足定制化的需求。将晶硅电池封装加工成光伏建筑一体化（BIPV）组件后，晶硅电池的色差会严重影响 BIPV 组件的美观性。即使通过分选将颜色相近的电池片封装在同一块组件中，电池片的颜色决定晶硅组件主要是深蓝、浅蓝等蓝色系色彩，比较单调，无法满足 BIPV 对色彩的多样化需求。碲化镉薄膜太阳能电池生产技术及其生产工艺的优势，电池组件透光率可调、尺寸大小可定制、颜色图案可变、色彩整体性强。此外，晶硅电池的韧性相对不佳，很难对其进行弧面设计，大大限制了晶硅电池的应用场景，而且晶硅电池因为高度标准化的原因，尺寸调整也较为不便。

（3）温度系数低，适用性更好。碲化镉薄膜太阳能电池组件的温度系数约为 $-0.21\%/℃$，晶硅电池的温度系数在 $-0.45\%/℃$ 左右。因此，其发电量比标称功率相同的晶硅电池多，也更适合于高温环境。当组件工作温度在 75℃ 时，发电能力比晶硅电池高出 15%。

（4）热斑效应小。当晶体硅光伏组件中某块太阳能电池被遮挡时，电池电压将会被偏置成负载，消耗其他电池发的电。因此，这块电池的温度会比其他电池更高，从而产生热斑效应。长期在树叶、杆身、树木等阴影遮挡下，易导致热斑效应，局部温度过高，烧坏组件，极易产生火灾。而碲化镉等薄膜电池的垂直划线设计可将电力损失降到最低。因此，在城市等复杂环境下，薄膜电池更加适用。

2. 铜铟镓硒光伏组件

铜铟镓硒光伏组件（见图 2-15）也是薄膜光伏组件的主要构成材料，此类光伏组件具有较高的光学吸收系数，转换效率较高。再加上铜铟镓硒光伏组件所应用的是直接带隙半导体，其弱光性能表现较佳，即便在阴雨天气，输出和转换功率也远高于其他类型的光伏组件。现阶段，铜铟镓硒光伏组件在实验室的转换效率不断提升，目前已突破 23.35%，维持着薄膜光伏组件的最高纪录，其产业化发展水平也不断提升。但需注意的是，铜铟镓硒光伏组件的实际效率和实验室小面积电池仍存在着一定的差别，导致差距出现的原因包括大面积使用时均质性差异引起的电流适配问题，也包括因为组件死区的存在使活性面积占比减少。不过

图 2-15　铜铟镓硒薄膜光伏组件

从光管理角度出发，铜铟镓硒光伏组件的光利用效率比小电池更有优势。

自从 2018 年以来，中国铜铟镓硒柔性薄膜太阳能电池销量呈现波动上涨趋势，根据发布的行业分析报告显示，2018—2021 年，中国铜铟镓硒柔性薄膜太阳能电池市场销量由 50MW 增长至 70MW 左右，年平均增长率达 10％以上，预计未来几年国内销量将继续保持上升趋势。

2.3.3　三代新型光伏组件

作为第三代光伏组件的最佳代表，柔性钙钛矿光伏组件（见图 2-16）不仅光电转换效率较高，而且峰瓦成本较低，生产能耗较小，功率温升损失不高，应用优势极为明显。目前，钙钛矿光伏组件在降低度电成本和提升光伏电站发电量等领域展现了绝佳潜力。虽然此类光伏组件的光电转换效率已与晶体硅光伏组件相似，但其制备过程中出现的光电转换效率损失问题却不容忽视，钙钛矿光伏组件的光电转换效率要低于晶体硅光伏组件。从封装工艺角度出发，目前晶体硅光伏组件的封装工艺已趋于完善，而钙钛矿光伏组件的结构和双玻晶体硅光伏组件的结构极为相似，因此制备人员可在钙钛矿光伏组件生产线中直接沿用双玻晶体硅光伏组件的封装工艺，这不仅能为钙钛矿光伏组件的封装质量提供强有力的保证，同时还能进一步延长钙钛矿光伏组件的使用寿命。

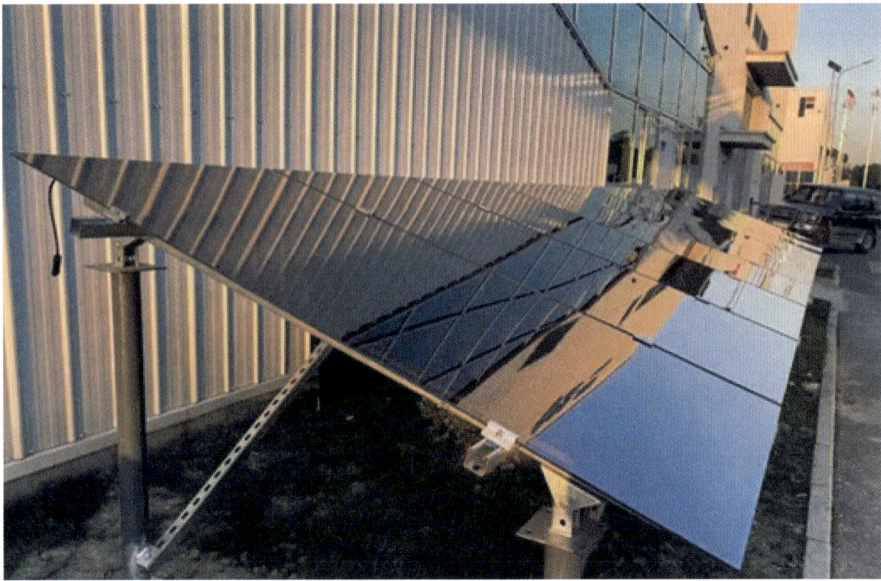

图 2-16　柔性钙钛矿光伏组件

对于钙钛矿电池的未来市场应用，当前市场机构主要看好 BIPV 和汽车集成光伏（CIPV）两块。BIPV 相信很多人都比较熟悉，就是这两年市场时不时会炒作的光伏建筑一体化。对于 BIPV 的未来市场发展，市场机构看好其巨大的发展潜力，钙钛矿电池未来将大量应用于光伏行业，是增长最快的细分市场之一。

CIPV 则是将光伏与新能源汽车所结合的一个领域。CIPV 指汽车集成光伏，即通过汽车上的光伏全景天窗来发电反馈车用负载，如于支持供暖、通风和空调系统等。该领域目前处于起步阶段，目前仅有丰田普锐斯（Toyota Prius Prime）、日产聆风（Nissan Leaf）、卡玛菲斯科（Karma Fischer Revero）、现代索纳塔（Hyundai Sonata）和艾尼氪 5（Ioniq 5）配备了光伏集成全景天窗。对于 CIPV 未来的经济效益，部分产业人士在接受资本市场机构调研时表示，假设一台汽车装备 CIPV 设备需要额外支出 5000 元。一台汽车发电面积 $4m^2$，每天持续发电 5h，则可以带来 20km 的续航增程。按照电价 0.72 元/kWh，可以估算 CIPV 设备的投资回收期为 5.28 年。

2.4　光伏支架形式

光伏支架是指根据光伏发电系统建议的具体地理位置、气候及太阳能资源条件，将光伏组件以一定的朝向和角度排列并固定间距的支撑结构。光伏支架作为光伏发电系统重要的组成部分，直接影响着光伏组件的运行安全、破损率及建设投资。选择合适的光伏支架不但能降低工程造价，还能减少后期养护成本。光伏支架可分为固定式、倾角可调式、自动跟踪式和柔性支架四类，光伏支架具体分类如图 2-17 所示。

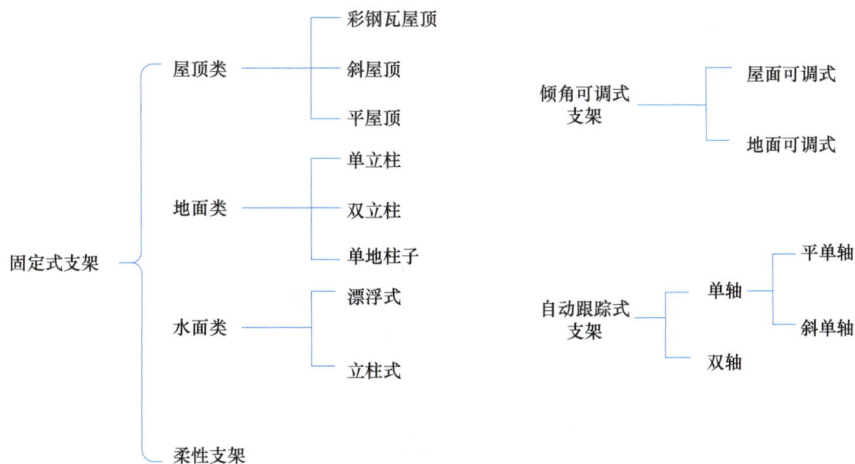

图 2-17　光伏支架具体分类

2.4.1　固定式支架

固定式支架也叫固定倾角支架，支架安装完成后，组件倾角和方位都不能调整。固定式支架分为屋顶类、地面类和水面类等几种。

1. 屋顶类支架

屋顶类支架一般分为彩钢板屋顶光伏支架、斜屋顶（瓦屋顶见图 2-18）光伏支架和平屋顶光伏支架三类。

彩钢板屋顶光伏支架主要由彩钢板夹具或固定件、导轨（横梁）、组件压块、导轨连接件、螺栓垫圈、滑块螺母等组成。

斜屋顶光伏支架（见图2-19）主要由屋顶固定挂钩、导轨（横梁）、组件压块、导轨连接件、螺栓垫圈、螺母滑块等组成。

图 2-18　彩钢板屋顶光伏支架　　　　　图 2-19　斜屋顶光伏支架

上述两种支架一般以成品C型钢或铝合金作为主要支撑结构件，具有拼装、拆卸速度快、无须焊接、防腐涂层均匀、耐久性好、安装速度快、外形美观等优点。

平屋顶光伏支架（见图2-20）与地面类支架结构类似，一般以混凝土基础或混凝土配重块作为支架基础，根据屋顶结构不同可采用独立基础或条形基础形式。基础与支架立柱的连接可通过地脚螺栓预埋件或直接将立柱嵌入混凝土基础中。平屋顶支架不破坏屋顶面防水层，具有结构灵活，安装便捷、可靠性强的特点。

图 2-20　平屋顶光伏支架

2. 地面类支架

地面类支架分为单立柱光伏支架、双立柱光伏支架和单地柱光伏支架三类。

单立柱光伏支架（见图 2-21）也就是支架靠单排立柱支撑，每个单元只有单排支架基础。单立柱支架主要由立柱、斜支撑、导轨（横梁）、组件压块、导轨连接件、螺栓垫圈、螺母滑块等组成，立柱采用 C 型钢、日型钢或方钢管等材料。单立柱支架可以减少土地施工量，适用于地形、地势复杂地区。

图 2-21　单立柱光伏支架

双立柱光伏支架（见图 2-22）为前后立柱形式，主要由前立柱、后立柱、斜支撑、导轨（横梁）、后支撑、组件压块、导轨连接件、螺栓垫圈、螺母滑块等组成，立柱根据方阵大小采用 C 型钢、H 型钢、方钢管、圆钢管等材料制作，其他部件根据需要采用 C 型钢、铝合金、不锈钢等材料。双立柱支架受力均匀、加工制作简单，适用于地势较为平坦的地区。

图 2-22　双立柱光伏支架

单地柱光伏支架（见图 2-23）是指一个方阵单元支架只有一个立柱的支架形式。由于整个方阵只有一个立柱，单套支架上可以布置的光伏组件数量有限，一般有 8 块、12 块、

16 块等。单地柱光伏支架主要由立柱、纵梁、导轨（横梁）、组件压块、导轨连接件、螺栓垫圈、螺母滑块等组成，立柱可采用钢管、预制水泥管等，纵梁、横梁由于悬挑较多，一般采用方钢管，导轨采用 C 型钢或铝合金。这种支架适用于地下水位较高和地面植被较丰富的地区。

图 2-23　单地柱光伏支架

图 2-24　水面漂浮式支架

3. 水面类支架

随着分布式光伏发电项目的不断推进，充分利用大海、湖泊、河流等水面资源安装分布式光伏电站，实施渔光互补等新的光伏农业形式，是解决光伏发电受限于土地资源的又一途径。水面类支架一般有漂浮式和立柱式两种，漂浮式支架由浮筒和支架两部分组成，如图 2-24 所示，浮筒采用高强度材料制作并进行连体设计，稳定性好，抗冲击能力强，可有效地防止各种水流和大风造成光伏组件的损坏。支架一般采用不锈钢、铝合金等抗腐蚀能力强的材料制作。

立柱式支架和地面类支架结构大同小异，只是立柱更长，保证支架露出水面，同时立柱材料要选择能承受长期在水中浸泡的抗腐蚀能力。

2.4.2　倾角可调式支架

倾角可调式支架结构与固定式支架类似，比固定式支架多了一个调节机构，使支架的倾角可以通过手动进行调节，可调节机构有分档式和连续可调式，分档式一般设为 2～3

档，一年按季节调整 2～3 次；连续可调式则可以根据需要经常调整。为了便于倾角调整，单个支架上安装的组件不宜太多，通常安装的组件数量要正好构成一个或两个组串。倾角可调式支架有推拉杆式、圆弧式、千斤顶式和液压杆式等。

2.4.3 自动跟踪式支架

光伏方阵采用固定式支架安装时，光伏方阵不能随着太阳位置的变化而移动，无法提高光伏系统的发电效率。为提高光伏系统的发电效率和光伏方阵的有效发电量，自动跟踪式支架在国内外光伏发电系统中逐步得到了认可和推广应用。

自动跟踪式支架可以使光伏组件始终保持与太阳光线垂直，消除固定电站的余弦损失，使光伏组件接收到更多的光能量，从而提高发电量。自动跟踪式支架分为单轴式自动跟踪支架和双轴式自动跟踪支架，其共同点是使光伏方阵表面法线依照太阳的运动规律做相应的运动，使太阳光的入射角减小。通过自动跟踪，一方面，可以提高太阳辐射能的利用率，使发电系统转换效率提高；另一方面，在获取相同的发电量时，可以减少光伏组件的使用量，使系统的建造成本降低。同等条件下，采用自动跟踪支架的发电量要比用固定式支架的发电量提高 15%～30%（单轴跟踪）和 25%～40%（双轴跟踪），这是经过多次工程验证得出的结论，也是光伏业界普遍认可的数据。

自动跟踪式支架一般分为单轴跟踪支架和双轴跟踪支架两大类，其中，单轴式自动跟踪支架又分为水平单轴自动跟踪支架和斜单轴自动跟踪支架，水平单轴自动跟踪支架适用于小于 30°的低纬度地区，斜单轴自动跟踪支架适用于 30°以上的中、高纬度地区；双轴跟踪支架适用于任何纬度地区和聚光光伏系统。

水平单轴自动跟踪支架就是让支架围绕一根水平方向的轴跟踪太阳进行旋转，通过跟踪太阳的高度、角来提高太阳光线在光伏组件面板的垂直分量，提高发电量，具体应用如图 2-25 所示。

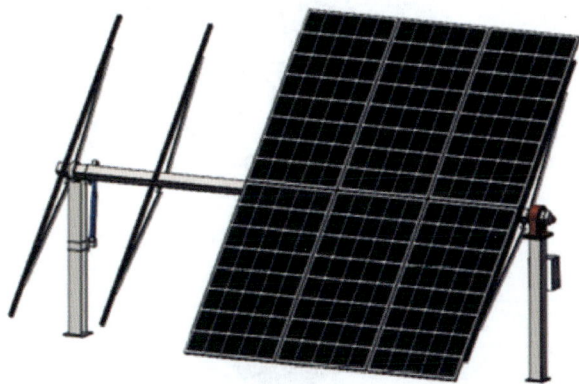

图 2-25　水平单轴自动跟踪光伏支架

斜单轴自动跟踪支架就是让支架围绕一根南北方向倾斜的轴跟踪太阳进行旋转，通过转轴的倾斜角补偿纬度角，然后在转轴方向跟踪太阳高度角，以更好地增大光伏发电量，具体应用如图 2-26 所示。

图 2-26　斜单轴自动跟踪光伏支架

双轴自动跟踪系统可以使支架同时沿两个独立的轴进行旋转，一个轴可以使支架沿方位角方向自由旋转，另一个轴可以使支架沿倾角方向自由旋转，使光伏方阵平面始终与太阳光线保持垂直，以获得最大的发电量，具体应用如图 2-27 所示。

图 2-27　双轴自动跟踪光伏支架

2.4.4　柔性支架

近年来，光伏应用场景越来越多，业界对光伏支架与环境适合性方面的要求也会越来越高。对刚性固定支架，由于其在桩基密度、列距和净空等方面的限制，某些场景下，已不能充分满足多方面的需要，特别在土地复合及高效利用方面。光伏柔性支架凭借其"大跨度、高净空、长列距"的结构特点，有效地解决了某些场景下支架的适应性和经济性问题，此项技术的应用也越来越多地被业界关注。

柔性光伏支架（简称柔性支架）是一种大跨度多连跨结构，该结构采用两端固定点之间张拉预应力钢丝绳，两端固定点采用刚性结构及外侧斜拉钢绞线的形式提供支撑反力，可实现 10～30m 的大跨度，适应如山地起伏和植被增加等情况，只需在合适的位置设置基础并张紧预应力钢绞线或钢丝绳即可。

柔性光伏支架系统（见图 2-28）可分为两个部分：柔性系统和支架系统。柔性系统由受力索、稳定索、组件固定夹具、光伏组件等构成；支架系统由基础（包括独立基础、桩基础）、钢立柱、钢梁、支撑系统（包括斜拉索、斜支撑）等构成。根据太阳能光伏支架受力特点，通常在两侧设置斜拉杆（索）和斜支撑。当光伏组件受到风荷载或者雪荷载作用时，拉索受力变形，钢立柱抵抗竖直方向的力，斜拉索或者斜支撑抵抗水平方向的力。

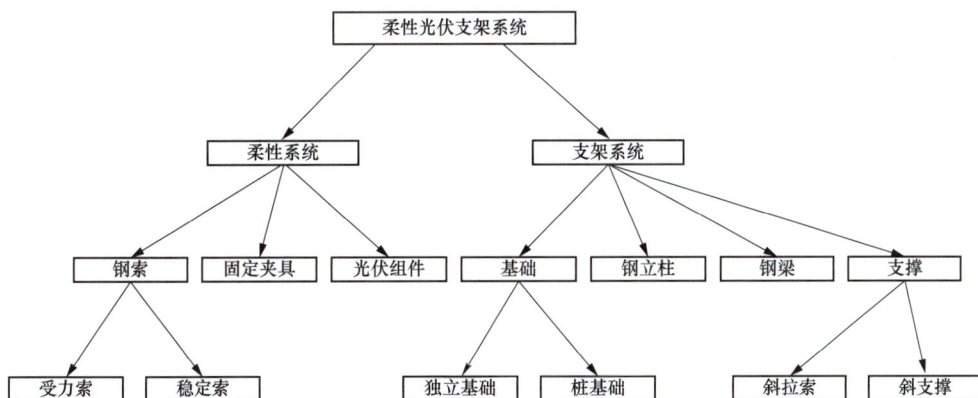

图 2-28　柔性光伏支架系统

柔性支架灵活可调、占地面积小的特点，使其具有广泛的应用范围。滩涂、渔塘、污水厂、复杂山地、荒坡和水池等复杂地形都可利用，并且在国家大力倡导渔光互补、农光互补的前提下，柔性光伏支架具有广阔的应用前景。图 2-29 给出了各类光伏支架的应用范围[11]。

支架形式、地区分类	常规支架	可调支架	柔性支架
荒漠、戈壁	√	√	○
滩涂、鱼塘	○	○	√
污水厂	×	×	√
平缓地形山地	○	×	√
复杂地形山地	×	×	√
混凝土屋顶	√	×	○
彩钢板屋顶	√	×	×

注　√表示优先采用；○表示可以采用；×表示不应采用。

图 2-29　柔性支架应用场景推荐

3

农光互补技术发展及概述

在奋力实现"碳达峰、碳中和"目标的战略愿景下，积极推动以光伏、风电为代表的新能源对于能源结构清洁低碳转型具有十分重大的意义。根据国家能源局此前公布数据，2022年，全国风电、光伏发电新增装机容量突破1.2亿kW，达到1.25亿kW，连续三年突破1亿kW，再创历史新高。全年可再生能源新增装机1.52亿kW，占全国新增发电装机容量的76.2%，已成为中国电力新增装机的主体。2022年是光伏增长大年，光伏新增装机复合增速维持高位，光伏产业持续稳定增长，显示出相关政策的落地见效和企业的积极响应。但随着多年高速发展，光伏产业目前面临着发展用地等空间局限，以及光伏自身出力的不稳定性所带来的储能问题、电网调峰平谷等问题。2022年6月，国家发展改革委等九部门印发《"十四五"可再生能源发展规划》提出，"加快推进以沙漠、戈壁、荒漠地区为重点的大型风电太阳能发电基地"。政策积极引导大型光伏发电项目使用戈壁、荒漠、荒滩等未利用地建设，有望解决光伏用地资源紧张问题，光伏产业持续繁荣需要用地政策、并网政策，以及储能、调峰配套体系建设政策的协同支持推动。在大基地和产品大型化趋势下，光伏企业主要竞争力聚焦于光电转换效率、并网条件，以及以下游的耗能配套产业建设来提升产业链整体竞争力等领域。

此外，还可以通过提高土地的综合利用率来缓解光伏用地紧张的突出问题，利用太阳能光伏与农业等业态的结合以提升土地综合利用率势必会成为光伏产业未来发展的新趋势。"农光互补"光伏电站在不改变土地性质的前提下，兼具光伏发电与农业种植的需求，紧密贴合高质量可持续发展理念，是一项科学的创新模式。近年来，以"农光互补"为代表的新型光伏电站逐步成为国内光伏发电市场的主力军[12]。

农光互补概念起源于戈茨贝格（Goetzberger）等在1982年提出的太阳能转化和作物种植共存（coexistence）的想法，他们研究了可编程袖珍计算机上的两用系统的方程式并发现马铃薯在一点点光伏面板阴影下生长得更好。但在当时，光伏发电价格昂贵，这一理念未能引起足够的关注。随着2009年以后太阳能产业面临价格暴跌的危机，多晶硅、晶片和太阳能模块价格严重下跌，多晶硅价格跌幅超50%以上。价格的骤降和对土地需求相对较低，使得光伏产业相比于其他可再生能源更具竞争力，进而促进了太阳能产业及相关行业的快速发展和推广[13]。在大面积铺设的太阳能电池阵列下，种植作物可以获得额外的农业收益，提升光伏农业系统整体的利润水平，逐渐引起人们的关注，并自 2011 年开始在全球范围内陆续开展农光互补项目实践[14]，发展至今已具有一定规模。

农光互补是个广义的概念，其中农业的形式，包括但不仅限于传统种植业、畜牧业、林业、渔业、农副产业等，相近范畴如菌菇、药材种植、生态修复如光伏治沙等也应包含在内。光伏农业是将太阳能发电广泛应用到现代农业种植、养殖、灌溉、病虫害防治及农业机械动力提供等领域的一种新型农业。农业生产形式的多样性丰富了广义上农光互补的种类和内涵，常见的农光互补形式有：菜光互补、果光互补、林光互补、牧光互补、菌光互补、茶光互补、蚕光互补、光伏＋生态修复、光伏治沙等众多形式。随着光伏项目不断地广泛开展，各地的自然资源条件（气候、土壤条件等）和种植需求各异，未来农光互补形式呈现多样化蓬勃发展趋势。农光互补技术能弥补不可再生能源的消耗，同时促进农业生产绿色化、发电成本节约化，是我国在光伏发电领域和农业发展领域均得到政策扶持的潜力产业，其与旅游业、养殖业、科普教育业相结合可形成综合性产业块，具有广阔的发展前景。

3.1　农光互补技术国内外发展历程及研究现状

3.1.1　国外光伏农业发展及现状

农业和光伏的结合始于 20 世纪 70 年代，1975 年首台光伏水泵面世。20 世纪 80 年代，美国较早对光伏发电在农业领域的应用做了市场预测与评估，认为光伏发电在农业领域的应用有着很大的市场潜力。但由于经济、技术和制度等方面的障碍，这一时期太阳能光伏在农业方面的应用并未得到推广。20 世纪 90 年代以来，技术进步使光伏发电成本逐渐下降，进而促使了近年来光伏发电在农业中的大规模应用，光伏农业逐渐形成气候。

欧洲国家是农光互补技术研究的先行者之一。德国、荷兰、西班牙等国进行了大量的实地试验和研究，验证了农光互补技术在提高电能产量和农业生产效益方面的潜力。例如，将农作物种植与光伏板安装在同一地块上，利用光伏板的阴影覆盖度来调节光照，可以提高农作物产量。

美国在农光互补技术研究方面也取得了一些进展，例如，得克萨斯州的一家公司利用太阳能光伏发电供给高效育种设施，实现了给植物提供持续光照和电力供应的目标。这种系统可以在光伏板下种植蔬菜，增加土地的利用效率，并提高农产品的产量和质量。在美国，农光互补还被广泛应用于农田灌溉系统。农民利用太阳能光伏发电系统为灌溉系统提供电力，同时将太阳能发电板安装在灌溉管道旁边，将阳光转化为电能并储存起来，当夜晚或阴天时，仍能为灌溉系统供电，提高了农田的灌溉效率和作物产量。

在澳大利亚，农光互补被广泛应用于温室农业。农民利用太阳能光伏发电系统为温室提供电力，同时使用透明的太阳能发电板作为温室顶部的遮阳板，既可以防止紫外线进入温室，又可以将多余的阳光转化为电力，以满足温室内灯光、空调和水泵等设备的需要，提高了温室的能源利用效率。

日本是世界上土地资源相对有限的国家之一，因此对于农光互补技术的研究和应用非常重视。日本农林水产领域在 2013 年放宽了有关农业型光伏发电的规定：若发电设备的阴影造成的农作物减收比例在 20% 以内，则支柱的地基部分便认可转用为暂时性农用地。在日本，农光互补被应用于农户的屋顶光伏发电系统和温室农业中。农民利用屋顶上的太阳能发电板为自家提供电力，并将多余的电能出售给电网，实现自给自足和发电收入。同时，他们在温室顶部安装太阳能发电板，将多余的阳光转化为电力，用于温室内的照明和供电设备，提高了农作物的生长质量和产量。日本研究人员利用农业遮阳网和光伏板的组合，进行了一系列实验，以调节光照和温度，提高作物产量和品质。此外，日本的一些农光互补项目还利用光伏板上的遮挡面覆盖悬挂式养殖设备，实现了太阳能发电和养殖的共享。

总体来说，国外研究表明，农光互补技术可以提高土地利用率、节约水资源、减少农药使用和环境污染，同时增加农业生产的经济效益。然而，该技术在实施过程中需要考虑光照、温度、湿度等因素的调节，以确保光伏发电和农业生产的相互协调。此外，农光互补技术的经济可行性和可持续性也需要进一步研究和验证。

3.1.2 国内光伏农业发展及研究现状

近些年来，我国农业光伏电站建设经历了飞速发展。2009 年，我国农业光伏电站的装机容量不到 0.001GW，2014 年则达到 1.18GW。2019 年，我国农业光伏电站累计装机容量已达到 14.15GW（中国储能网数据）。据相关学者整合中国储能网（http：//www.escn.com.cn/）、北极星太阳能光伏网（https：//guangfu.bjx.com.cn/）、索比光伏网（https：//www.solarbe.com/）、光伏企业网站、各地政府发展改革委及能源局网站等农光互补项目及政策资源信息并做分析统计，这些农光互补项目的模式、数量的时间分布如图 3-1 所示[15]，我国光伏农业的发展阶段概括为 4 个阶段，即萌芽阶段、启动阶段、推进阶段和稳步增长阶段。

萌芽阶段（2011—2012 年）：2011 年，我国开始出现个别光伏农业大棚项目和渔光互补项目的探索。但 2011 年 11 月—2012 年 11 月，美国和欧盟对产自中国的太阳能电池进行"双反"调查，认为从我国进口的晶体硅光伏电池及组件实质性损害了其相关产业，将对此类产品征收反倾销和反补贴关税，受此影响，我国的光伏产业在这一期间处于"漩涡"之中。这一事件在 2013 年持续发酵，直到 2013 年底才得以平息。

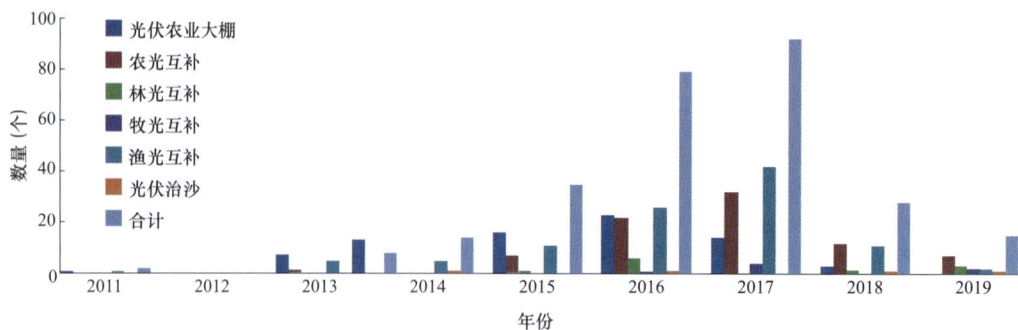

图 3-1　不同模式光伏农业项目数量的时间分布[15]

启动阶段（2013—2014 年）：这段时期有 27 个项目并网发电，该阶段的项目类别仍以光伏农业大棚和渔光互补项目为主。同时，分别有 1 个农光互补和 1 个光伏治沙项目并网发电，丰富了光伏农业项目的模式。尽管这一时期的国际环境仍然不利，但中华人民共和国工业和信息化部（简称工业和信息化部）于 2012 年发布了《太阳能光伏产业"十二五"规划》，将太阳能光伏发电生态农业大棚的模式划为光伏建筑一体化示范项目，享受国家财政补贴，这也是这一期间光伏农业大棚项目数量占到了光伏农业项目总量一半以上的主要原因。随后的 2013 年 7 月，国务院发布了《国务院关于促进光伏产业健康发展的若干意见》（国发〔2013〕24 号），提出了 2013—2015 年全国年均新增光伏装机容量和累计总装机容量的目标。上述两项政策对光伏农业的启动起到了关键作用，受此影响，中国 2013 年和 2014 年新增的农业光伏电站装机容量分别为 0.37GW 和 0.82GW，累计总装机容量达到 1.23GW。

推进阶段（2015—2019 年）：其中，2015—2019 年，有 249 个项目并网发电，出现了林光互补和牧光互补项目，使得光伏农业项目模式更加丰富，涉及了农、林、牧、渔各个方面。国家能源局于 2014 年出台了《国家能源局关于进一步落实分布式光伏发电有关政策的通知》（国能新能〔2014〕406 号），使我国光伏农业迎来了新的发展契机，也推动了光伏农业的全面发展。随后的《太阳能光伏发展"十三五"规划》提出了 2016—2020 年光伏装机容量目标，分布式光伏成为光伏发展"十三五"规划的重要组成部分，而光伏农业是分布式光伏的重要组成部分，该政策的发布推进了光伏农业的全面发展。此外，2015 年，工业和信息化部、国家能源局和中国国家认证认可监督管理委员会（简称国家认监委）联合发布了《关于促进先进光伏技术产品应用和产业升级的意见》（国能新能〔2015〕194 号），推出了光伏"领跑者"计划，很多光伏农业项目受到了该计划的支持。例如，2016 年 6 月 30 日并网的山西左云店湾镇林光互补项目，是国家能源局首个"光伏领跑者示范基地"项目；江苏华电能源有限公司投资，2017 年 2 月 23 日并网发电的江苏仪征大仪镇 56MW 农光互补光伏发电项目，是 2016 年度江苏省光伏"领跑者"计划，也是该省首批列入计划的 8 个项目之一；再如，由中国广核集团有限公司投资，并于 2018 年 9 月

30 日并网的泗洪天岗湖、香套湖 2 号、4 号渔光互补项目，是第三批应用领跑基地项目。农光互补下的海南省已有"光伏＋蔬菜""光伏＋食用菌""光伏＋花卉"等多种模式，种植面积接 5.33km²。全国大部分的光伏治沙项目都位于内蒙古自治区，集聚性较强。随着我国光伏电站装机容量的不断攀升，未来一段时间内，农光互补项目数还将呈现出继续增长的态势。

稳步增长阶段（2020 年至今）：自"双碳"目标提出以来，我国农光互补项目发展迎来了新的契机，政府出台了一系列支持政策，鼓励农业与光伏发电的结合。2021 年 10 月 21 日，国家发展改革委联合九部门印发了《"十四五"可再生能源发展规划》，其中指出大力推动光伏发电多场景融合开发，积极推进"光伏＋"综合利用行动，鼓励农（牧）光互补、渔光互补等复合开发模式。国务院 2021 年 10 月 24 日印发的《2030 年前碳达峰行动方案》中指出，"在推进农业农村减排固碳方面，大力发展绿色低碳循环农业，推进农光互补、"光伏＋设施农业""海上风电＋海洋牧场"等低碳农业模式。农光互补项目在全国范围内得到了广泛推广和应用。据统计，截至 2020 年底，我国的农光互补项目装机容量已达到 3000 万 kW 以上，呈逐年稳步增长趋势。农光互补项目模式更加多样化，实施地涵盖动物农舍、沙漠、盐碱地等；项目分布区域更加广泛，以前以沿海地区、农业发达地区和光照条件较好的地区，如江苏、浙江、河北、河南等省居多，现在逐渐在湖南、广西、内蒙古、海南、广东、山西、陕西等地发展起来。分布式、集中式并举，项目规模不断扩大。这一阶段涌现的规模较大的农光互补项目有：①蒙西基地库布其 200 万 kW 光伏治沙项目（见图 3-2），该项目是"十四五"时期国家首批开工建设的大型风电光伏基地项目之一，也是"央企＋民企"优势互补、强强联合打造的当期全国单体规模最大的立体生态光伏治沙项目，项目建成后，年均发电量约 41 亿 kWh，相当于节约标准煤约 125 万 t，减少 CO_2 排放 394 万 t。项目同时配备生态治沙工程，建成后年减少向黄河输沙 200 万 t，修复治理沙漠 53.33km²，为沙漠地区及黄河流域的生态发展注入绿色动能；②华能山东烟台蚕庄 120MW 农光互补项目；③三亚崖州 100MW 农光互补蔬菜大棚＋储能光伏项目；④大唐韩城第二发电有限责任公司西庄 100MW 农光互补光伏发电项目，项目采用预制桩＋灌注桩基础，结合地形探索运用柔性支架方案，节约集约用地新模式，最大限度地减少对地表植被的扰动，保护生态系统，实现农光互补；⑤华能清河县 280MW 农光互补发电项目，是河北省 2023 年重点项目，成为河北南网 2023 年并网容量最大的新能源项目、华能集团最大的平单轴示范项目、河北南网最大的配套储能光伏项目，邯峰电厂规模最大、第一个应用智慧基建系统、第一个全面自主运维的新能源项目；项目批复总投资 15 亿元，规划容量 280MW，选用 N 型单晶硅双玻双面组件，配套建设 56MW/112MWh 储能系统，项目每年可提供清洁电量超 4.7 亿 kWh，板下种植山楂等果木，农光互补效益显著，项目年可实现税收超 5000 万元；⑥陕西宝塔区麻洞川镇 120MW 农光互补项目等。

图 3-2　蒙西基地库布其 200 万 kW 光伏治沙项目

在科学研究方面，国内的光伏农业研究主要集中在以下几个方面：

（1）光伏农业的技术研究：包括太阳能发电技术、光伏组件的选择与布置、光伏农业系统的设计与优化等，正不断改进光伏农业系统的效率和稳定性。

（2）光伏农业对农作物生长的影响：研究人员正在探究光伏农业对农作物光照、温度、湿度等因素的影响，以及如何最大限度地提高光伏农业系统与农作物之间的协同效应。

（3）光伏农业的经济效益研究：研究人员正在评估光伏农业项目的经济效益，包括投资回报率、财务收益等，以便为政府、企业和农民提供科学的决策依据。

（4）光伏农业政策研究：研究人员正在研究光伏农业的政策环境，以及如何通过政策手段促进光伏农业的发展。目前，国内已出台了一系列支持光伏农业的政策措施，并加大了资金支持和政策扶持力度。

综上所述，国内光伏农业发展迅速，并在技术研究、生物效应、经济效益和政策支持等方面取得了一定的成果。然而，仍然存在技术标准不统一、政策体系不完善等问题，需要进一步加大研究力度和政策支持，推动光伏农业在国内的广泛应用。

3.2　农光互补技术的优势及存在的问题

随着光伏发电技术在农业生产中的快速应用与发展，显著提高了农作物种植效率及作物产量，另外，应用于现代观光农业、特色作物种植等方面，丰富了农业生产类型，尤其是在气候相对温暖、降雨丰富、光照充足，夏季气温够高、降水够多，冬季光照少、气候干燥等地区得到了广泛的应用，随着经济效益的提升及国家政策补贴的支持，促进了光伏农业的发展并且提高农户积极性。农光互补技术对光伏和农业发展，均有十分积极的促进作用。

3.2.1　对光伏产业的促进作用

随着多年高速发展，光伏产业目前面临着发展用地等空间十分局限，以及光伏自身出力的不稳定性所带来的储能问题、电网调峰平谷等突出问题。农光互补技术是光伏复合开发利用的重要方向，可有效缓解光伏开发用地资源紧张的情况，实现土地资源的高效综合利用，提升单位面积的经济效益和项目整体的收益率。此外，光伏等新能源发电具有随机性、波动性、不稳定性等特点，对电网系统运行稳定性及调度控制带来了挑战。通过农光互补技术的实施，可将光伏发电用于农业生产灌溉、补光、温控、环境控制及机械化设备，实现新能源的就地消纳和高效利用，优化电力调度运行。农光互补技术作为光伏产业新形态的重要组成部分，丰富了光伏产业的内涵和形式，也大力推动了光伏产业的发展和光伏装备的革新。除国家大力推动鼓励光伏发电多场景融合开发外，近两年我国光伏格局实现"双转换"，中东部地区、分布式光伏成为主战场。光伏农业作为地面分布式的重要组成部分，再一次迎来发展机遇。由于中东部地区土地资源有限，在这里发展光伏农业不但能解决"大规模分布式能源的用地问题"，还能有效"减少长距离电力输送的电网投入，并根本性解决东部经济发达地区的缺电问题"，可谓一举多得。

3.2.2　对农业发展的促进作用

光伏＋设施农业与传统农业形式相比，传统大棚受天气环境影响较大，在夏天传统大棚内部的室温高达50℃左右，会对农作物生长造成严重影响，但光伏＋设施农业在日间，内部的室温比外部温度低；在夜间，其内部的室温要比外部的温度更高，以上温度的变化均可以依靠外接的太阳能电池板实现控制调节，最后形成最适合设施内部农作物生长的条件，为农作物生长提供良好的环境条件。

此外，光伏在农业中应用广泛，主要包括以下几个方面[16]：

（1）光伏在农业灌溉中的应用：利用太阳能光伏板将太阳能转化为电能，驱动灌溉泵进行农田灌溉。这种系统可以显著减少对传统电力的依赖，降低农民的用能成本，并能够有效地管理用水。太阳能光伏技术与农业的融合最早体现在农业灌溉领域，卡茨曼（Katzman）等[17]以美国内布拉斯加州和得克萨斯州的案例为例分析了光伏灌溉系统的成本效益及商业应用的可行性。我国早期的光伏应用也是以农业灌溉为主。吴永忠等[18]根据我国西北地区干旱、缺水和太阳能资源丰富的现状，提出了在西部大开发中应用光伏提水技术，以实现农业生产的同时实现节能、环保、扶贫和经济社会的可持续发展目标。盛绛等[19]研究光伏水泵系统在农业中的应用，尤其是在我国西北部地区和新疆南疆地区等干旱地区，可以创造巨大的经济和社会效益。系统的经济性应结合具体应用地点和作物类型等因素来综合评估。坎帕纳（Campana）等[20]研究表明光伏灌溉系统最佳应用区域受牧草潜在产量、牧草管理成本、牧草需水量、地下水深度、牧草价格和CO_2价格等多种因素的影响。光伏灌溉系统不仅可以满足农业生产对水资源的需求，还能实现智能化的灌溉系统管理。光伏灌溉系统的应用也存在一些争议，包括成本高、可靠性、维护和运营问题及水资源浪费的担忧。然而，随着技术的不断发展和改进，这些问题可能会得到解决，光伏灌溉系统的应用也有望得到推广和普及。总的来说，尽管关于光伏灌溉系统的应用仍存在争议，但在一些干旱地区，尤其是一些主要依赖农业生存和发展、能源短缺的地区，如中东和非洲等农业国家，应用光伏灌溉系统不仅可以有效缓解能源短缺问题，还能促进农业生产的发展。

（2）光伏在农业温室系统中的应用。在农业温室作物生产中，最主要的成本来源于维持适宜的环境温度所需的能源。在温室的屋顶或周围安装太阳能光伏板，将太阳能转化为电能，为温室提供电力。这样，可以为温室提供照明和保持温度所需的能源，提高温室内环境的稳定性和作物的产量，降低能源成本并减少环境影响。萨伊尼（Saini）等人[21]研究了不同种类的光伏技术在农业温室系统中的环境经济效益，结果表明相较于 c-Si、p-Si、a-Si 和 CdTe 技术，铜铟镓硒（CIGS）光伏技术的投资回报期较短，同时，也具有最低的碳排放量，为环境提供了显著的好处。亚诺（Yano）等学者[22]的研究发现，采用透明和半透明的光伏板可以增加温室大棚内的光照，有助于提高作物生长条件。哈桑尼恩（Hassanien）等[23]对采用半透明光伏板的温室大棚进行了研究，调查了大棚内番茄的生长情况和环境变化。研究结果表明，在晴天光伏组件的遮阳效果降低了大棚内的温度，但对湿度没有显著影响。总之，随着全球食品需求的增加，采用光伏技术来支持农业温室生产已经成为一种节能和环保的方式，有助于提高粮食产量并减少环境负担。

（3）光伏在农业其他方面的应用。如牧场电力补充：在牧场安装太阳能光伏板，将太阳能转化为电能，为电网供电或为牧场内的设备提供电力，如电子牧柱、电动挤奶机等。这种系统可以减少牧场主对传统电力的依赖，并减少运营成本。

在农业生产过程中，利用太阳能光伏板为农业设备、机械和电动车辆等提供电力。这种系统可以提高农业生产效率，减少对传统能源的依赖。在农村家庭电力供应方面，在农村地区安装太阳能光伏板，将太阳能转化为电能，为农村家庭提供照明、电力等基本用电需求。这种系统可以解决农村地区的电力供应问题，提高农村居民的生活质量。光伏制冷系统不仅可以用于粮食储存，还适用于农产品烘干。此外，光伏系统可为农用机械提供动力。薛等[24]分析了几款不同功率的光伏农用电动车的经济效益，结果表明低功率的光伏农用电动车是明智的经济选择，尽管初始成本较高，特别适用于中国的农村和偏远地区。光伏发电系统的应用也有望减少柴油发动机的能源消耗和环境污染。另外，光伏技术还可以广泛用于农业照明，对于偏远地区而言，这具有特别的重要性。除此之外，还有其他许多应用领域正在逐渐开发，如作物保护、农业病虫害防治和农业自动化等。

总的来说，光伏在农业中的应用能够提供清洁、可再生的能源，降低能源成本，改善农业生产环境，促进可持续农业发展。

3.2.3 经济效益优势

农光互补技术的经济优势主要体现在以下几个方面：

（1）提高土地利用效率。传统的农业生产方式需要大量的土地，而农光互补技术可以同时利用土地资源进行光伏发电和农作物种植，光伏发电可并网售电（部分地区享受国家和地方补贴），提高土地利用效率和单位面积的经济效益。

（2）节约能源成本。农光互补技术利用太阳能进行发电，相比传统的化石能源，太阳能是一种可再生的能源，资源丰富、价格稳定。通过农光互补技术可以节约能源成本，降低电力费用。

（3）带动农产品增值。农光互补技术可以过滤有害光线，吸收有利光线促进植物生长，提供更好的生长环境，增加光照并减少蒸发，提高农作物的质量和产量。同时，农光互补技术还可以保护农作物免受极端天气的影响，减少灾害风险，提高农产品的商品价值。

（4）增加农户收入。农户通过与光伏发电企业建立合作关系，租用土地进行光伏发电，可以获得一定的租金收入。同时，农户可以继续种植农作物，增加农产品销售收入。农光互补技术为农户提供了一种增加收入的途径。

（5）助力乡村振兴。农光互补技术的推广和应用可以促进农业现代化和乡村产业升级，实现生态农业和观光旅游一体化，带动乡村经济发展，改善农民生活质量。同时，农光互补技术还可以提供就业机会，促进乡村就业，助力乡村振兴战略实施。

综上所述，农光互补技术具有提高土地利用效率、节约能源成本、带动农产品增值、增加农户收入和助力乡村振兴等经济优势。这种技术的应用不仅有利于推动农业可持续发展，还有利于促进经济的绿色转型和可持续发展。

3.2.4 光伏农业目前存在的问题

近些年来，虽然我国光伏农业产业发展速度较快，但因为缺乏实践经验，依然存在着一些问题：

（1）光伏农业产业发展缺乏科学成熟的理论体系支撑，当前并没有完善的系统性理论研究成果，在商业模式、盈利模式、运营模式和管理模式等方面依然处于起步探索阶段，如何做好光伏产业与农业的融合、光伏农业企业经营模式、光伏农业政策、光伏农业发展的重点领域等问题都需要进行更深入的研究；同时，高端光伏农产品较少，应用的领域不广，光伏农业应用设施如光伏大棚、光伏养殖场等设计方案不够完美，综合能源利用效率不高，需要加强光伏农业产业理论研究，促进产业模式发展完善和光伏农业深度融合；此外，还需要加强我国光伏农业产业系统的标准体系建设，随着光伏应用技术的不断创新和发展，光伏农业这一新兴产业每年已达千亿元市场规模，有预测认为，其市场规模5年内可达数万亿。然而，因没有统一的标准，光伏农业还存在诸多问题，如有些项目打着光伏农业的幌子占用农、林业用地，以谋求税收优惠和国家财政补贴，换取企业或个人利益，"非农化"现象严重。制定光伏农业行业标准至关重要，有了标准才能引导产业发展的方向，可以为传统农业向现代农业过渡提供方向。

（2）光伏农业在整体布局、产业规划、市场环境、管理制度方面有所欠缺，具有光伏专业知识和农业专业知识的复合型人才较少。需要根据当地的资源禀赋和市场情况，确定光伏农业的发展定位和产品选型。因为各种花卉、蔬菜、药材等植物作物生长规律各不相同，光伏大棚、温室的设计和建造方式也相应需要做调整，建立不同的运营模式及盈利模式。

（3）光伏农业产业自身的创新作为主要发展推动力是不够的，技术标准与规范尚未明确，光伏配套设施较多，一次性投入偏大，前期投入较高，成本回收期较长，农民作为光伏农业发展的主要参与者与经营者积极性不高，需要政府加大对光伏农业产业的扶持和支持力度。制定切实可行的光伏农业用地、用电及资金扶持政策，鼓励农民和相关企业在光伏农业领域加大投入。打造光伏农业样板和示范工程，总结实践经验，形成理论成果，以点带面逐步推广。随着国家扶持政策的出台及农业金融机制的逐步完善，光伏农业具有较大的发展空间。

（4）光伏农业运维管理的难度相对较高。技术难度上，光伏农业是一种复合型的农业模式，涉及光伏发电、农业种植和灌溉等多个领域的技术要求。运维人员需要具备光伏发电设备的维护和管理知识，同时还要了解农作物的种植与管理技术，以及灌溉系统的运行和维修等；环境影响上，光伏农业的运维管理需要考虑光伏发电设备对作物生长的影响，合理安排光伏板的布局、调整光照强度和方向等都需要运维人员具备专业的知识和经验；人工成本上，光伏农业相比传统农业需要更多的人工成本进行管理和维护，光伏板需要定期清洗、检查和维修，同时还需要农作物的及时种植、生长和收割等，因此光伏农业的运维管理需要投入更多的人力和时间；电网接入和运行上，光伏发电系统需要与电网接入，要确保系统安全运行和发电效率高，需要对电网进行监测和管理，同时还需要与供电部门进行协调和沟通；市场和政策风险上：光伏农业的运维管理还面临市场和政策风险，市场需求和价格波动、政府政策调整等因素都可能对光伏农业的利润和运营产生影响，需要运维人员具备适应和应对变化的能力。

（5）土地使用权管理。从2015年开始，国土资源部对农光互补有从严监管的趋势，相继发布了《关于支持新产业新业态发展促进大众创业万众创新用地的意见》（国土资规〔2015〕5号）、《关于完善光伏发电规模管理和实行竞争方式配置项目的指导意见》（发改能源〔2016〕1163号）、《关于支持光伏扶贫和规范光伏发电产业用地的意见》（国土资规〔2017〕8号）等文件。明确了永久基本农田不能用的底线，对于使用永久基本农田以外的耕地布设光伏方阵的情形，应当从严提出要求，除桩基用地外，严禁硬化地面、破坏耕作层，严禁抛荒、撂荒。利用农用地布设的光伏方阵可以不改变原本的用地性质。对于符合本地区光伏复合项目建设要求和认定标准的项目，变电站及运行管理中心、集电线路杆塔基础用地按建设用地管理，依法办理建设用地审批手续。光伏方阵用地按农用地、未利用地管理的项目退出时，用地单位应恢复原状，未按规定恢复原状的，应由项目所在地能源主管部门责令整改。此外，关于土地使用权的划拨、流转、期限、补偿、管理也有严格规定。光伏农业项目需要一定面积的土地用于光伏电站的建设，因此需要从农村集体经济组织或农民手中获取土地使用权。一般而言，光伏电站的使用寿命为20～30 年，因此土地使用权需要按照这个时间段来进行规划和安排。在土地使用权到期后，可以根据实际情况进行续期或重新评估。土地使用权的安排还需要考虑农民的利益，合理补偿农民的土地使用权。补偿可以包括土地流转费用、土地租金或土地转让价款等形式。

3.3 光伏发电耦合农业生产的竞合关系及协同平衡

3.3.1 光伏种植

植物光合作用是一个生物化学过程，指的是植物在光照条件下将光能转化成化学能的过程。植物光合作用又叫作光能合成作用。植物光合作用受到多个因素的影响，如温度、湿度、光照条件、CO_2 浓度等。其中，光照条件是影响植物光合作用速率的最重要因素之一，光照条件包括光强、光质和光周期等。太阳光 98％ 的能量都集中在 150nm 紫外光到4000nm 红外光之间，植物光合作用只能利用其中很小一部分[25]。太阳辐射中波长位于400～700nm，能被绿色植物用来进行光合作用的那部分能量称为光合有效辐射（photosynthetically active radiation，PAR）[26]。对绿色植物生长发育有作用的辐射波长范围较光合有效辐射波长范围更宽，大致在 300～800nm 范围内，这一部分辐射称为生理辐射，它除对光合作用起作用外，也对其他一些生理活动有影响。随着当前人工光照明与植物生长发育相关研究的深入，发现植物光合作用吸收的光波长范围比 400～700nm 要宽，不同的光谱能量分布（波长配比，能量配比）、光周期等对光合作用影响显著。

植物利用约 400～700nm 波段的光驱动光合作用，但不同波长的光驱动效率不相同，而且随着植物类型及生长阶段的不同而变化[27]。植物体中色素种类繁多，有叶绿素 a、叶绿素 b、类胡萝卜素、叶黄素、花青素等，几种主要色素的吸收谱如图 3-3 所示，各种色素对光的吸收具有光谱选择性。高等植物中，参与捕光作用的主要是叶绿素 a 和叶绿素 b，其吸收峰在红、蓝光波段，对红、蓝光吸收效率较高，而在黄绿光波段几乎没有吸收。叶绿素 a 的蓝光吸收峰为 430nm，红光吸收峰为 660nm；叶绿素 b 的蓝光吸收峰为 435nm，红光吸收峰为 643nm。在可见光谱范围（400～760nm）内，植物吸收的光能约占其生理辐射能的 60％～65％，其中绝大部分是红光（600～700nm），约占其生理辐射光能的

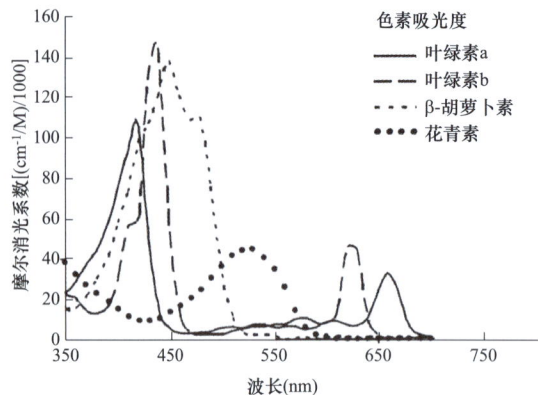

图 3-3 几种主要色素的吸收谱

55%，然后是蓝光（400～520nm），约占生理辐射光能的 8%。除了在光合作用中捕捉光量子，植物体中各种色素还有其特殊用途。如伸展叶面中的叶绿素含量控制了初级光合产量（含量受太阳光辐射影响），可根据叶绿素的含量间接估测植物的营养状态，如在受胁迫或衰老的叶片中叶绿色含量明显下降。叶绿素 a 与叶绿素 b 的比例会随着光等非生物因素变化，对总叶绿素及叶绿素 a、叶绿素 b 的测量可有效地反映植物与环境的相互作用。类胡萝卜素（胡萝卜素与叶黄素）在光照过高时，可通过叶黄素的循环途径来消耗能量以保护反应中心，叶黄素与光能利用率有关。花青素可调节叶片中的光环境、调节光合作用、限制光抑制和光漂白，保护植物使其抗冻、抗旱、抗氧化，也可以修复受损叶片[28]。

植物体通过不同波段的光与其相关色素的相互作用来调节体内的激素平衡，引起植物体生理及形态变化。蓝光调控着叶绿素的形成、叶绿体的分化和运动、气孔开启、光合节律、代谢等生理过程。蓝光可促进植物叶的生长，抑制茎的伸长，较强的蓝光将使得植物形成较矮的形态，更加紧凑和结实。红光一般是植物体吸收比例最大的光源，也是光合效率最高的光源，它可通过抑制光合产物从叶中输出，从而促使植物体内干物质的积累，并可促使鳞茎、块根、叶球及其他植物器官的形成。绿光在光合色素的吸收谱中非常少，有研究表明绿光对光合作用（以气孔开放大小和干物质积累为指标）有逆效果，与绿光的比例、具体光波长和光谱宽度有关，也有研究发现，在适当的强烈的白光下，绿光比红光、蓝光能穿透到叶片的更深处，更能促进光合作用。近紫外光主要是有利于植物的趋光性和杀灭病菌病毒，减少病害传播。低剂量的波长为 280～315nm 的紫外光（UV-B）辐射会引起植物体内修复机制过分活动，刺激植物生长，但过量会对植物生长有一定的损伤效应。与红光相反，远红光（720～800nm）能提高植物体内赤霉素含量，增加节间长度和植株高度，因此红光、远红光两者光通量之比对植株高度调节具有重要影响。一般说来，红外光波不能被植物直接用于光合作用，但其热效应会调节温度，影响植物体对水分的需求[28]。

植物光合作用速率随光强变化如图 3-4 所示，当光照强度大于光补偿点 B 时，植物才可能有光合积累，并且光合速率随着光照强度增大有一段近似线性关系，当光强增大到光饱和点 C 时，光合速率随光强增大维

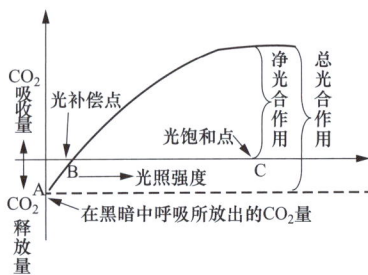

图 3-4 光合作用与光强关系

持不变，光强过高时，甚至造成光抑制导致光合速率下降。阳生植物光的补偿点和光饱和点比阴生植物高。阴生植物与阳生植物相比，前者有较大的基粒，基粒片层数目多，叶绿素含量较高，阴生植物能在较低的光强度下，充分地吸收光线。阴生植物的叶绿素 a、叶绿素 b 的比值小，即叶绿素 b 的含量相对多，能够强烈地利用蓝紫光（阴生植物处于漫射光中，漫射光是波长短的蓝紫光为主），适应遮阴处生长。

关于太阳能电池工作波长范围，AM（air mass）是描述地球大气光学厚度的度量。在大气层顶端，太阳光穿透的大气厚度为零，这里的太阳光谱为 AM0，阳光垂直穿透大气层厚度（1 个单位大气厚度）被部分吸收和散射后的光谱是 AM1。一般以太阳高度角的中间值附近的 48.2 度对应的大气厚度 AM1.5 作为平均值。地面应用的太阳能电池光学设计一般以 AM1.5 为优化标准。AM0 和 AM1.5 光谱如图 3-5 所示。太阳能电池的吸收光谱范围主要受电池材料性质、厚度和表面特性决定。太阳电池按照材料性质可以分为晶体硅、化合物、有机物和染料敏化等几个大类，其中晶体硅太阳电池具有原材料丰富、价格低、工艺成熟的优势，在商业化市场中占有绝对优势地位，目前的市场占有率在 85% 以上，并且将在未来十几年甚至更长时间内占据主导地位[29]。只有能量高于半导体材料的禁带宽度的光子能被吸收，半导体材料的禁带宽度决定了材料能吸收的光子的最小光子能量（hv），即最大波长。短波部分的光虽然能量高，未必能被太阳能电池充分利用。不同太阳能电池材料的光谱响应曲线如图 3-6 所示，晶硅太阳能电池的最大工作光谱范围为 300～1200nm。300～400nm 的紫外光的吸收受半导体表面复合的影响，转化效率较低。对晶硅电池来说，由于短波光吸收系数大，可以在材料表面很薄的区域内被吸收，激发载流子，但由于材料表面往往是缺陷比较多的区域，这里载流子寿命较短，所以这里短波部分的光虽然被吸收，但没有在发电中作出贡献。另外，短波波分的光子即使被吸收，其能

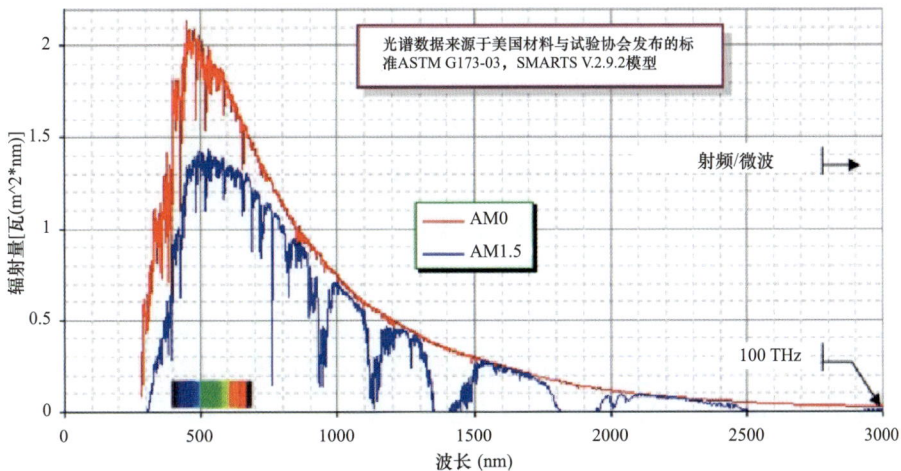

图片来源：NREL SMARTS。

图 3-5　AM0 和 AM1.5 光谱

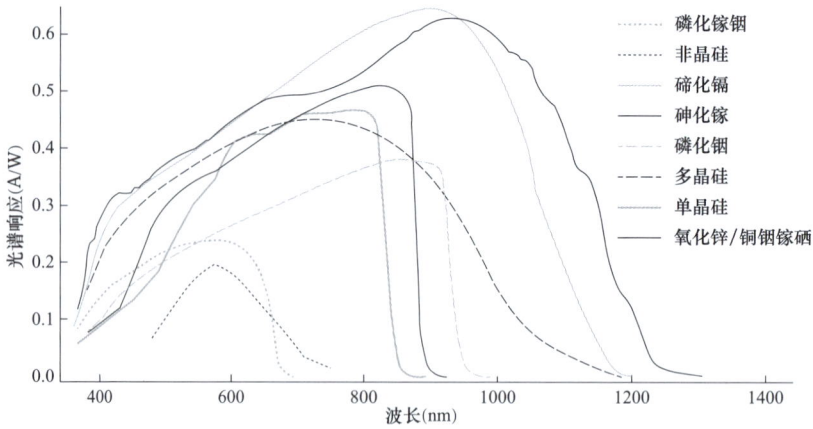

图 3-6　不同太阳能电池材料的光谱响应曲线[30]

量也无法被完全利用，因为在经典框架下，一个光子只能激发一对电子空穴。即使短波光子的能量是禁带宽度的几倍，传统结构的电池也无法激发多个电子，多余的能量只能变为声子耗散掉。

目前，现有的光伏农业系统在太阳光的处理方式上大致分为几何分光和强度分光两种。采用几何分光的光伏农业系统（见图 3-7）是现在光伏农业中较为常用的分光方式，晶硅电池板在农田面积上有一定占空比，但光伏板下会存在没有光照或者光照不均匀的情况，影响农作物的产量和品质。采用强度分光的光伏农业系统，光伏电池采用半透明的薄膜太阳能电池，如铜铟硒电池、碲化镉电池（见图 3-8）等，这些电池看起来是带透光的，但在植物的光合有效辐射波段都有较高的吸收率，而且基本都覆盖植物光合作用吸收谱中的红光吸收峰，所以透过薄膜太阳能电池的太阳光质量较差，不能满足植物的光合作用对光的需求。基于此，相关学者提出，将太阳光中植物所需特定波长的光分离出来，把太阳光 10% 左右的光谱选择出来用于农作物生长，其他多余的光能再用作光伏发电。张昕昱等[31] 利用光学干涉膜，通过将干涉膜的透过谱与植物光合作用吸收谱所匹配，实现了具有 $450\pm20nm$ 的蓝光透过峰和 $660\pm20nm$ 的红光透过峰的膜层结构设计（见图 3-9），其余波长的光反射用于发电，带干涉膜的槽型聚光系统装置如图 3-10 所示，该系统全天最高发电效率为 8.84%，接近现有的光伏大棚总发电效率，还提高了作物的品质和产量[32]。中国科学技术大学刘文教授团队研发的此项太阳光谱分离技术受到国内外学者的高度评价，获得多项国内及国际重量级科技创新荣誉。张放心等[33] 通过匀光散光板调控光伏板下农作物所需要的光强及其分布，光照得到显著提升，均匀性明显改善，更好地满足植物生长照明所需。

光伏种植主要通过对适应光伏板下遮阴条件的开放性种植作物进行筛选，构建能够稳产的农光互补种植模式。作物阴影响应函数示意图如图 3-11 所示，按作物类别分为三类："+"类植物的产量最初随着遮阴的增加而增加，但遮阴水平超过 50% 时，会有负影响；"0"类别的植物产量在 70% 及以上光合有效辐射（photosynthetically active radiation，

PAR）的光照下产量保持稳定，增加阴影面积导致 PAR 下降超过 30％时，产量下降明显；但"一"类别的植物即使在低阴影下也几乎线性下降。据不完全统计，最适合光伏农业系统的相关作物分类表见表 3-1。像叶菜或浆果这样的作物可以从较少的太阳辐射中受益，比较喜欢阳光的作物如玉米、水稻、小麦、向日葵更适合。可以因地制宜种植金银花、食用菌等低矮作物和中草药材，也可以通过光伏组件的布置方案优化来提升农光互补系统的可行性。

图 3-7 几何分光型光伏农业系统

图片来源：龙焱能源科技（杭州）有限公司官网 http://www.advsolarpower.com/welcome。

图 3-8 碲化镉发电玻璃阳光房案例

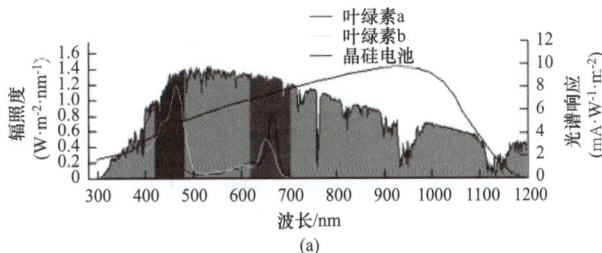

图 3-9 干涉膜透过谱与太阳光谱和晶硅电池吸收曲线对比[31]（一）

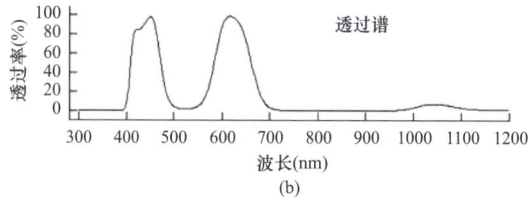

图 3-9　干涉膜透过谱与太阳光谱和晶硅电池吸收曲线对比[31]（二）

图 3-9　干涉膜透过谱与太阳光谱和晶硅电池吸收曲线对比[31]（二）

图 3-10　带干涉膜的槽型聚光系统装置

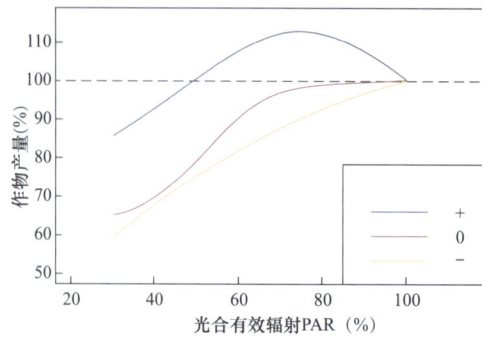

图 3-11　作物阴影响应函数示意图[34]

表 3-1   最适合光伏农业系统的相关作物分类表

分类	＋	0	—	+，0	0，—
作物	蔬菜	油菜、大麦	谷物、玉米	洋葱	糖甜菜
	莴苣	谷物	小麦	黄瓜；胡瓜	花椰菜
	啤酒花	绿色卷心菜	南瓜	西葫芦	红甜菜
	菠菜	油菜	葡萄		
	蚕豆	豌豆，豆角	向日葵		
	豆类	芦笋，龙须菜	水果		
	叶菜类	胡萝卜	西兰花		
		小萝卜	小米，黍类		
		韭葱	茄果		

玛鲁等[35] 在印度马哈拉施特拉邦西北部葡萄农场安装了光伏系统，在间隔 1.5～2.5m 葡萄棚架之间的未使用空间安装太阳能光伏组件，既保证了葡萄生长期 7～8h 和采收季节 11h 以上的平均日照时间需求，同样葡萄产量下，农光互补系统经济价值增加 15 倍以上。筛选适应太阳能光伏板下遮阴条件及小气候自然环境的种植品种是光伏种植成功与否的关键。由于光伏板和支架系统的结构，遮挡了 30％ 及以上的阳光，光伏板下就形成了一个光照不强、温度较低、湿度较大的"小气候环境"，比较适宜中草药种植生长。黄艳国等[36] 在太阳能板下方起垄栽植甘草、板蓝根和半夏等中草药苗，产品的主要有效成分含量均能达到《中华人民共和国药典》的相关要求，表明耐阴中草药与光伏结合的新型农业模式可行。当下，各地在光伏板下种植的药材品种较多，这跟光伏板的搭建方式、各地实际、机械化操作难度有关，也可根据光伏板高低选择适宜品种进行种植，如选择白芍、赤芍、菊花、牡丹、金银花等花类品种，枸杞、栀子等果实类品种，黄芪、黄芩、甘草、柴胡、黄精等根茎类品种。目前，国内落地的"光伏＋中草药"项目有陕西铜川宜君县峡光 250MW 光伏发电项目（种植品种有黄芪、柴胡）、内蒙古鄂尔多斯神东矿区光伏板下 666666.67m² 中草药试点项目（种植品种有苦参、铁芪等）和贵州保田镇 200MW 农光互补项目（种植品种有白芨、重楼）。

余明艳等[37] 研究表明，光伏板下种植的番薯也能表现出较强的耐阴适应能力；若设置光伏板中间点高度达 2m 以上，番薯栽培中的农事作业几乎不受影响[38]。中国广核集团有限公司辽宁省凌源市 20MW 农光互补项目中，利用油用牡丹耐阴、耐干旱、耐瘠薄、耐高寒的特性，采用光伏＋油用牡丹种植模式，3 年后，牡丹籽产量在 150kg/667m² 以上，项目启动安装费用 1.2 亿元，到 5.5 年时即可收回全部投资[39]。采用育苗移栽辣椒在位于太阳能板下方处于遮阴范围种植，可提高夏季栽培辣椒的成活率，减少植株蒸腾，有利于辣椒生长[40]。

光伏农业系统中，设施农业的形势除露天开放性种植模式外，还有光伏大棚或光伏温室等半封闭式种植模式。光伏大棚或光伏温室模式主要是利用光伏板对大棚或温室原有的棚顶进行改造，利用温室或大棚原有的横截面面积获取光能，在不影响温室大棚作物生长的同时，增加多重收益。科斯苏（Cossu）等[41]在温室大棚上搭建光伏组件，研究温室内部的太阳辐射分布及温度和湿度的改变情况。吴龙飞等[42]研究了温室屋面光伏组件安装对草莓温室微环境及作物净光合速率的影响，6块光伏组件共占据南面屋顶面积的79.1%，倾斜角度为30°，光伏温室内太阳辐射日均值相比普通温室降低了47.3%，光合有效辐射PAR降低了68%，但光伏温室草莓叶片净光合速率和光能利用率均明显高于普通温室。普通温室内空气温度始终高于光伏温室，空气湿度波动幅度较大。蒋宁等[43]根据光伏大棚下光线弱、湿度大的特性，开展了光伏温室大棚猴头菇栽培试验，采用透光率约为50%的玻璃光伏板为顶，棚内搭建一层遮阳网和薄膜进行避光来满足出菇期要避免阳光直晒，仅需要强度为50～400lx的微弱散射光需求。该光伏温室大棚单位面积供电量产生的经济效益达每年30000元/667m²，每666.67m²平均可生产猴头菇约2500kg，产值25000元，整体效益是普通农业大棚效益的2～3倍。目前，针对温室大棚地处偏远、能源供应不足及管理不便等问题，黄光日等[44]设计了一套基于物联网的太阳能温室监控系统，通过部署在温室大棚现场的数据采集节点采集温室内的各项环境信息，并在云服务器中部署控制算法，实现温室环境参数的远程调控。针对可再生能源的就地消纳问题，李辉等[45]提出考虑大棚主要用能设备的"产—用—储"一体的供能模式，并设计了基于物联网管控的平台框架和基本功能。

总体来看，由于光伏板可以集成至受控环境农业中，发电满足了农业温室的能源需求，缩短了温室项目的投资回收期，从而使农业温室与光伏发电具有较好的协同效应，具有较大的发展前景。由于大棚/温室种植环境相对可控，且可根据实际需求进行室内补光，种植品种的多样性及存活率相较普通光伏种植会高一些。

3.3.2　光伏养殖

除农业种植和农业温室外，渔业养殖、畜牧养殖等动物性生产活动也可与光伏发电进行耦合。在畜禽养殖领域，通过在养殖棚顶铺设光伏板或直接将光伏设施作为养殖围挡，可以实现动物养殖与光伏发电的结合，具有降低养殖成本、增加收益的协同作用。传统畜禽养殖对光照条件要求不高，适当的光照可有效避免病虫害发生，提升肉类品质。王馨熠等[46]研究表明，2～4h的波长在315～400nm（1nm＝10^{-9}m）之间的紫外光（UVA）补光时间能够改善凡纳滨对虾肌肉的营养成分含量，如组氨基酸总量、必需氨基酸含量、赖氨酸含量和脂肪酸含量。蒋广洁等[47]提出了以肉牛养殖为核心的农牧光互补组合生态循环农业技术模式，在肉牛规模养殖场棚顶安装太阳能电池组件，开发应用光伏发电系统集成技术，生产绿色电能，同时就近并入国家电网，产生发电收入。

随着光伏产业的不断发展，光伏电站已由陆上逐渐扩展到水域。在水产养殖领域，适当的光照可促进水生植物或微生物的光合作用,增加水体溶氧量。不同水产品对光照需求各异,过多光照会造成水温升高,影响水下生物环境及活性,渔光互补技术应运而生。例如,2014年刘汉元等[48] 提出,光伏板对阳光的遮挡作用有利于喜阴性水产如中华绒螯蟹、南美白对虾、黄颡鱼、沙塘鳢等的生长,有较高的养殖效益。王乾等[49] 利用太阳能光伏系统设计软件(PVsyst)从倾角及组件间距方面对光伏电站进行仿真,分析组件排布变化对场区发电量的优化效果,对多种情况下的组件布置进行对比,得出最优的发电量布置方式,为大型渔光互补光伏电站的设计深度提供参考。为解决传统渔光互补项目桩基础施工难度大、渔业养殖困难、施工周期长等问题,白荣丽等[50] 提出了一种新型悬索式支撑系统(见图3-12)技术方案,新型悬索式支撑系统可以充分利用空间悬索跨度大、跨度自由的特点,在水面上或鱼塘间的塘埂上进行光伏支撑系统基础及钢架施工,减少了支架基础数量,在水面或鱼塘上用钢索跨越,钢索下部可利用水域空间大,对水面船只通行或鱼塘内养殖的影响小。在工业化水产养殖模式中,增氧设备、投饲设备、水质水温监控设备、消毒设备、捕捞设备、排灌设备、育苗设备等众多设备用电成本在总运维成本中占据相当大的比例,可以通过在养殖区上方安置光伏发电系统,通过光伏等新能源发电供给水产养殖用电,降低养殖成本,实现绿色低碳经济养殖。

图 3-12 新型悬索式支撑系统[50]

总体来看,光伏养殖模式克服了光伏发电占地的弊端,改变了传统养殖设施结构,延长了养殖周期,提高了土地产出效率和收益结构,是集养殖、发电、环保、旅游等各种优势于一体的新型农业模式。光伏板安装的形式除固定打桩式,也可以采用漂浮式光伏技术[51],使光伏板漂浮在水体上,形成上面发电、下面养鱼的新型生产模式,即节约大量的建筑用材,也降低了对水生环境生态的影响,适用于水深较深或采用抬高支架式方案性价比较差的区域。漂浮式渔光互补型光伏电站如图3-13所示。

图 3-13　漂浮式渔光互补型光伏电站[51]

3.4　市场前景与经济性分析

3.4.1　光伏农业市场前景

自"双碳"目标提出以来，可再生能源全面迈向高质量跃升发展新阶段，"光伏＋"也随之迎来全新发展机遇。以光伏为代表的可再生能源将进一步推动我国能源体系向安全低碳、清洁高效的新型能源体系转变。同时，"光伏＋多场景综合开发"模式将进一步拓展开发空间。过去 10 年中，光伏发电成本一直大幅下降，随着经济性优势逐渐显现，光伏装机增长持续加快。国家能源局数据显示，2023 年上半年，光伏发电新增并网 7842 万 kW，同比增长 154％。截至 2024 年上半年，光伏发电装机容量达到 4.7 亿 kW，已成为我国装机规模第二大电源，进入大规模、高比例、市场化、高质量发展阶段。

绿电进入千行百业，将带来用电的新时代，促进工业低碳化升级，推动企业与环境协调发展。光伏＋农业、渔业、畜牧业、生态旅游业的互补发展，可改善生态环境，减少土地荒漠化，实现经济与环境效益双赢，"光伏＋"多元融合将助力构建新型能源体系。当前，全国范围内因地制宜的农（牧）光互补、林光互补、渔光互补等复合开发模式全面推进，光伏＋5G 基站、大数据中心等信息产业应用场景不断扩展。未来，多场景下"光伏＋"综合开发模式将持续推动光伏跨界融合发展。中国设施农业面积达 370 万 hm²，居世界第一，约占世界设施农业总面积的 80％。目前，我国农业大棚面积居世界第一，除小型拱棚等简易设备外，日光温室、塑料大棚面积超过 200 万 hm²，是宝贵的光伏发电资源。农业大棚往往连接成片，具备分布式发电和并网的条件。"如果在全国大面积、大范围地推广光伏农业产品，其市场可达千亿元规模，在 5 年内可达到万亿元规模，市场前景广阔。

3.4.2　农光互补系统整体性能评价

关于农光互补系统整体性能评价，贾恩（Jain）等[52] 提出了七个关键绩效指标（key performance indicator，KPI）可以用来更好地评价农业光伏系统的性价比。光伏农业系统关键绩效指标见表 3-2 对这些性能指标进行了总结。

表 3-2　　　　　　　　　　　　光伏农业系统关键绩效指标[53]

指标名称	数学表达式	特征描述
地面覆盖比 （ground coverage ratio，GCR）	$GCR = A_{PV} / A_{Ground}$ A_{PV} 为光伏组件的表面积；A_{Ground} 为耕地面积	光伏农业设计中的有害变量； GCR 值高，意味着能量产量高，作物产量低
能源和农业产出 energy and agricultural yield (Y_{EL})，(Y_{AG})	Y_{EL}＝年发电量（MWh）/单位面积（hm²） Y_{AG}＝产量（kg）/单位面积（hm²）	Y_{EL} 取决于日照、组件效率、系统损耗等； 由于电线长度增加，光伏农业系统会有更大的系统损耗
土地当量比（LER）	$LER = \dfrac{E(Y_{agri,AV})}{E(Y_{agri,N})} + \dfrac{Y_{el,AV}}{Y_{el,N}}$ AV 为 Agrovoltaic，光伏农业； N 为 Normal cultivation，常规模式	LER 值＞1 可以提高土地的生产力； 光伏农业提高了空间利用率
经济指标-性价比	$PPR = P / P_b$ P 为光伏农业系统年度额外成本； P_b 为实际效益	额外费用主要取决于 LCOE； PPR＞1 不合理，PPR＝1 经济上合理

（1）地面覆盖比（GCR）。GCR 是农业光伏设计中影响最大的变量之一。GCR 定义为光伏组件表面积与耕地面积之比。对于农业光伏而言，高 GCR 值提供高能量产量，而由于太阳辐射量减少和光合作用速率降低，作物产量将降低。但对牧光互补而言，由于减少了牲畜的热应激，GCR 可能更有利于产奶。

（2）能源和农业产出。能源产出 Y_{EL} 是每年产生的电能，单位为 MWh/hm²。能源产出取决于许多特定的和局部的变量：太阳日照、模块效率、温度和小气候的影响、电缆损耗等。与标准的地面安装光伏系统相比，由于模块间距增加，电缆损耗也会增加，因此农业光伏系统的电缆长度更长。农业产出 Y_{AG} 是土地面积相关的农产品总量，既可以是重量（kg/hm²），如农业发电中作物的干物质或以升为单位的比容、牧光互补系统中牛奶产量（L/hm²）。

（3）农产品质量。光伏组件可以保护作物免受冰雹、大雨和晒伤，提高了农业的抗灾能力，同时使农业生产更加环保，这有利于提高作物的质量。此外，还发现了对其他质量特征的积极影响。质量效应很难用一个通用指标来表达，因此必须考虑作物的经济市场价值。

（4）土地当量比（land equivalent ratio，LER）。光伏和农业在同一土地上的立体结合提高了空间利用率。一个突出这种利用效率的绩效指标是土地等效比率，也称土地当量比（LER）。贾恩（Jain）等[52] 整合了作物质量的影响，拓展 LER 的定义，见式（3-1）：

$$LER = \frac{E(Y_{\mathrm{agri,AV}})}{E(Y_{\mathrm{agri,N}})} + \frac{Y_{\mathrm{el,AV}}}{Y_{\mathrm{el,N}}} \tag{3-1}$$

式中：Y_{agri} 为常规种植；N 为光伏农业系统；AV 为农业产量，$\mathrm{kg/hm^2}$ 或 $\mathrm{L/hm^2}$。

新定义的 LER 整合了农业产出的经济市场价值 E，考虑可能改善的质量方面，例如，10 个未受损的苹果的经济价值可能超过 100 个被冰雹损坏的苹果。同样的方法应用于常规（N）或光伏农业系统（AV）条件下的能源产出 Y_{el}（$\mathrm{MWh/hm^2}$），需要对光伏系统在相同的位置、方向和灵活性进行比较（如跟踪或固定）。相对于单独的光伏系统和农业种植系统，$LER > 1$ 时，表示增加了农业光伏环境下土地的生产力。王玲俊等[54] 总结了光伏农业共生的模式（见表 3-3），分为互惠、偏利和偏害模式，通过技术改进、制度设计等可以避免后两种共生的出现；并构建了一个光伏发电与农业生产共生技术的简单福利模型，通过数学推演，总结出共生技术的效率标准为 $LER > 1$。

表 3-3　　　　　　　光伏农业共生的模式——以农光互补为例

	具体形式	光伏	农业	共生模式
农业光伏系统	光伏在农业中的应用	＋	＋	互惠
	光伏＋喜阴类作物（如生菜、黄瓜）	＋	＋	互惠
	光伏＋对遮阴没有显著影响的作物	＋	＝	偏利
	光伏＋喜光类作物	＋	－	偏害

（5）节水性能。农用光伏发电（特别是在半干旱地区）的一个重要指标是光伏组件对水平衡的影响。首先，光伏组件的遮蔽作用可以"捕获"原本会流走的降水。这些收集的水以后可以用于灌溉或作为畜禽的饮用水。太阳辐射的减少也降低了蒸散速率，从而提高了水分利用效率，减少了干旱胁迫和灌溉需求。

（6）人体舒适度。在阳光强烈的日子里，建议农民和土地工人在阴凉处休息，以避免过多的阳光导致健康问题。光伏模块提供的遮阳确保了较少的阳光辐射和遮阳的可用性，这就减少了农民耕种田地时的热压力。农民在种植过程中的舒适度可以用湿球温度（wet bulb globe temperature，WBGT）来间接表达，单位为开尔文。

（7）经济指标。如上所述，光伏农业系统具有多方面的优势，但要想真正取得突破和大面积推广应用，必须要在经济上具有可行性和吸引力。定义农业光伏项目在财务上是否具有竞争力的一项指标是性价比（price performance ratio，PPR），见式（3-2）：

$$PPR = P/P_{\mathrm{b}} \tag{3-2}$$

式中：P 是与常规的地面光伏安装成本相比，光伏农业系统实施的年度额外成本，元；P_{b} 是由每年保护农业用地所带来的收入及其产品的收入所组成的实际收益，元。

P 这一额外成本主要取决于光伏农业系统的平准化电力成本（levelized cost of electricity，$LCOE$）和地面光伏的平准化电力成本（$LCOE$）。正如前面已经讨论过的，P_{b} 还应包括农产品质量提升方面带来的收益；$PPR > 1$，被认为是不合理的农业光伏实施，因为农业光伏电站的成本高于农产品的收入；$PPR=1$，被认为经济上是合理的，因为农民的收入已经多样化了；$PPR<1$，意味着农用光伏发电的性能效益大于农业用地的正常收入。PPR 值越小，光伏农业项目的性价比更高，更具吸引力与竞争力[55]。此外，除性价比外，传统的农业光伏项目的成本效益必须对投资者具有吸引力。这又取决于 $LCOE$、电力销售价格和可避免的电力成本。财务吸引力由净现值（net present value，NPV）和内部利率（internal rate of return，IRR）体现。

3.4.3　农光互补系统经济性评价

为解决"双碳"目标下农光互补项目快速增长而存在的"重电轻农"问题，刘文程等[56] 建立了农光互补项目全寿命周期成本/效益模型和经济效益评估模型，并通过敏感性分析确定了农光互补项目的最优运营策略。农光互补成本—收益构成如图 3-14 所示。

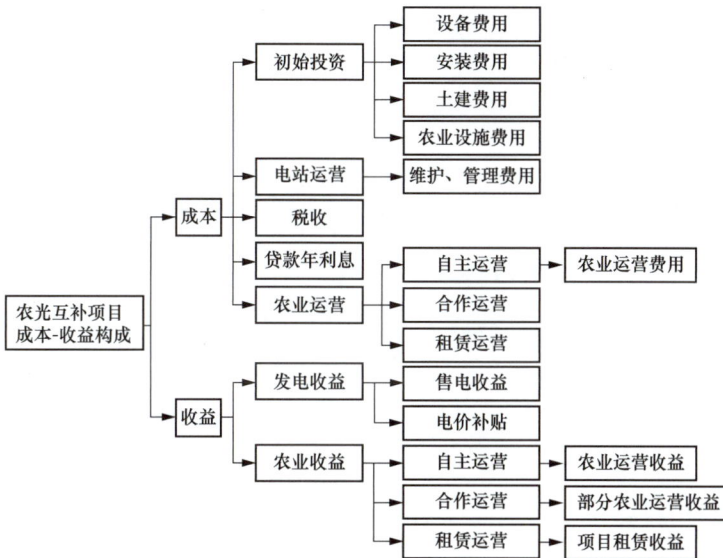

图 3-14　农光互补成本—收益构成

（1）成本模型。

1）农光互补项目成本，农光互补项目每年的成本由电站运营、税收、贷款年利息、农业运营组成，见式（3-3）：

$$C_{output} = C_{op} + C_{tax} + C_{fn} + C_{pr} \tag{3-3}$$

式中：C_{output} 为农光互补项目每年的成本，元；C_{op} 为运营成本，元；C_{tax} 为税收成本，元；C_{fn} 为贷款年利息；C_{pr} 为农业运营成本，只有自主运营模式才有农业运营成本，元。

2）初始投资。初始投资包含组件成本、安装费用、土建费用、农业设施费用，见式（3-4）：

$$C_{ivs} = WC_w \tag{3-4}$$

式中：C_{ivs} 为项目初始投资成本，元；W 为项目装机容量，kWh；C_w 为单位装机容量成本，元/kWh。

3）运营成本。光伏电站运营成本主要包括电站维护和管理费用，可从初始投资中抽取一定比例进行估算，见式（3-5）：

$$C_{OP} = C_{ivs}R_g \tag{3-5}$$

式中：R_g 为光伏发电系统年运营费率，通常装机容量越大的电站运营费率越低，表示运营费用占初始投资费用的比例。

4）税收成本。按照《中华人民共和国增值税暂行条例》及其实施细则的相关规定，从事农业生产的单位和个人销售自产农业产品均免税，因此只需考虑光伏电站税收成本，光伏电站销售自产的利用太阳能生产的电力产品需要缴纳增值税、附加税和所得税，见式（3-6）：

$$C_{tax} = C_{vat} + C_{ad} + C_{inc} \tag{3-6}$$

式中：C_{vat} 为增值税，元，见式（3-7）；C_{ad} 为附加税，元，见式（3-8）；C_{inc} 为所得税，元，见式（3-9）。

$$C_{vat} = \frac{I_g r_{vat}}{1 + r_{vat}} \tag{3-7}$$

$$C_{ad} = C_{vat} r_{ad} \tag{3-8}$$

$$C_{inc} = (I_g - C_{output} - C_{vat} - C_{ad}) \times r_{inc} \tag{3-9}$$

式中：I_g 为光伏电站年发电收益，元；r_{vat} 表示增值税率；r_{ad} 表示附加税税率；r_{inc} 表示所得税率。

5）贷款年利息。光伏电站贷款利息取决于贷款金额占总投资的比例，见式（3-10）：

$$C_{fn} = C_{ivs}i_{loan}r_{intr} \tag{3-10}$$

式中：C_{fn} 为贷款年利息；i_{loan} 表示贷款比例；r_{intr} 表示贷款年利率。

6）不用运营模式下的农业运营成本。自主运营模式：投资主体承担全部的农业运营成本与风险，表示为 C_{pr}；合作运营模式：投资主体不承担农业运营成本与风险；租赁运营模式：投资主体不承担农业运营成本与风险。

（2）收益模型。

1）农光互补项目收益。农光互补项目每年的收益来源于发电收益与农业收益，见式（3-11）：

$$I_{input} = I_g + I_a \tag{3-11}$$

式中：I_{input} 为农光互补项目每年收益，元；I_g 为光伏电站年发电收益，元；I_a 为农业收益，元。

2）发电收益。发电收益包括售电收益与电价补贴。售电收益包括光伏发电上网收入、合同能源管理约定的用电费用；电价补贴包括国家补贴、地方政府补贴收入。光伏电站的发电收益，见式（3-12）：

$$I_g = (1-r_e)E_nP_d + r_eE_nP_f + E_nP_g + E_nP_i \tag{3-12}$$

式中：E_n 为光伏电站的年均发电量，kWh；P_d 为脱硫煤标杆上网电价，元/kWh；r_e 为用户自用电量比例；P_f 为合同能源管理约定的使用电价，元/kWh；P_g 为国家补贴电价，元/kWh；P_i 为地方政府补贴电价，元/kWh。

光伏系统发电量 E_n 由光伏系统装机功率、光伏系统性能比、系统衰减率和光照小时数共同决定，光伏年发电量见式（3-13）：

$$E_n = H_n WR(1-r_g) \tag{3-13}$$

式中：H_n 为标准测试条件下，全年该地区太阳辐照量与地面太阳辐照度 $G=1000\text{W/m}^2$ 的比值；R 为光伏系统性能比；r_g 为光伏系统衰减率。

3）不同运营模式下的农业运营收益。

自主运营模式：投资主体获得农业运营的全部农业运营收益，见式（3-14）：

$$I_a = I_p \tag{3-14}$$

式中：I_p 为每年农业运营所得收益。

合作运营模式：投资主体获得合同约定的部分农业运营收益，见式（3-15）：

$$I_a = I_p\theta \tag{3-15}$$

式中：θ 为合同约定投资主体可获得农业运营收入的比例。

租赁运营模式：投资主体不获得农业运营收益，但收取项目租赁费，通常从农业运营成本 C_{pr} 中抽取一定比例进行估算，见式（3-16）：

$$I_a = C_{pr}\alpha \tag{3-16}$$

式中：α 为租赁费用占运营费用的比重，通常为农业运营成本的 0.4 倍。

（3）经济效益评估。在经济效益评估方法中，净现值作为一种基本评价指标，是农光互补项目投资者可以接受投资的最低界限。内部收益率是资金流入现值总额与资金流出现值总额相等、净现值等于零时的折现率，可以使投资者直观地掌握农光互补项目的投资回报情况。度电成本 LCOE 是国际通用评价 1kWh 电所用成本的指标。投资者可使用该指标分析光伏发电成本问题。投资回收期是指通过资金回流量来回收投资的年限，投资回收期越短，表明风险越小。本文引入净现值、内部收益率、度电成本、投资回收期 4 个指标评价农光互补项目的经济效益。

1）净现值 NPV。见式（3-17）：

$$NPV = \sum_{i=1}^{N} \frac{(I_{\text{input}})_i - (C_{\text{output}})_i}{(1+r)^i} - C_{\text{ivs}} \tag{3-17}$$

式中：NPV 为农光互补项目在全寿命周期的净现值；r 为折现率；N 为农光互补项目收益总时间，年。

2）部收益率。作为反映投资获利能力的指标，内部收益率表达式见式（3-18）：

$$\sum_{i=1}^{N} \frac{(I_{\text{input}})_i - (C_{\text{output}})_i}{(1+IRR)^i} - C_{\text{ivs}} = 0 \qquad (3\text{-}18)$$

式中：IRR 为农光互补项目的内部收益率。

3）投资回收期。首个净现值为正的年份。

4）度电成本 $LCOE$。用于测算项目单位发电量成本，表达式见式（3-19）：

$$LCOE = \frac{C_{\text{ivs}} - \dfrac{V_{\text{R}}}{(1+r)^N} + \sum_{n=1}^{N} \dfrac{C_{\text{output}} - I_{\text{a}}}{(1+r)^n}}{\sum_{n=1}^{N} \dfrac{E_{\text{n}}}{(1+r)^n}} \qquad (3\text{-}19)$$

式中：$LCOE$ 为农光互补项目的度电成本，元/kWh；V_{R} 为系统残值。系统残值是资产在达到预计使用年限后预计能回收的价值，见式（3-20）：

$$V_{\text{R}} = \frac{C_{\text{ivs}} I_{\text{r}}}{(1+r)^N} \qquad (3\text{-}20)$$

式中：I_{r} 为系统残值率。

（4）敏感性分析。农光互补项目部分参数存在不确定性，比如单位装机成本、系统效率、上网标杆电价、农业运营成本、农业运营收益、分享农业运营收益比例、租赁收入比例等。敏感度分析法能够从众多不确定性因素中找出对投资项目经济效益指标有重要影响的敏感性因素。针对以上可变因素对净现值的影响进行敏感性分析，敏感性计算见式（3-21）：

$$E = \frac{\Delta NPV / NPV}{\Delta X / X} \qquad (3\text{-}21)$$

式中：E 为敏感系数；ΔNPV 为净现值 NPV 的变化值；ΔX 为不确定因素 X 的变化值。

E 的绝对值越大，意味着评价指标 NPV 对不确定因素 X 越敏感；反之，则不敏感。

4

光伏发电与现代农业的多样化结合方式

在自然条件下，植物利用太阳发射的自然光进行光合作用，为动物提供了食物，直接或间接地满足了人类几乎所有食物需求。太阳光除了是动植物生长的能量来源，现在也是全球电能的主要来源之一。因此，需要推动农光互补的发展，在有限的土地资源条件下，实现电能与动植物生长的最大收益。在广义农光互补的范畴内，光伏发电与现代农业具有多种互补方式，较为典型的包括果光互补、菜光互补、牧光互补、草光互补、菌光互补、林光互补、茶光互补与蚕光互补等，下面主要围绕这些光伏与现代农业的结合方式进行概述。

4.1 果光互补

4.1.1 发展概述

水果是指多汁且有甜味的植物果实，含有丰富的营养物质且能够帮助消化，是对部分可以食用的植物果实和种子的统称。水果中含有丰富的维生素和矿物质，常吃水果不仅能获取人体必需的营养物质，还能美容养颜，部分水果还有抗癌作用[57]。

水果根据其特性大致可分为 5 个种类，分别为浆果、瓜果、柑橘类水果、核果、仁果。浆果的果实呈肉质，内部柔软多汁，如草莓、葡萄、猕猴桃等。瓜果和柑橘类水果比较好区分，瓜果包括西瓜、哈密瓜等，柑橘类水果包括橘子、柚子等。核果的特点是有明显的果核，如桃、杏等，而仁果的种子可能是多个，如梨、苹果等。

目前，设施果树生产逐渐向自然资源禀赋优和产业基础好的区域集中，已经形成了 4 个优势区域：

（1）环渤海湾产区，主要包括辽宁、山东、河北、北京和天津等地区，以设施葡萄、设施草莓、设施樱桃和设施桃为主，是我国设施促早栽培最为集中的优势区域。

（2）西北产区，主要包括甘肃、宁夏、山西、陕西和新疆等地区，以设施葡萄和设施桃为主，是我国延迟栽培最为集中的优势区域。

（3）黄河与长江中下游产区，主要包括浙江、江苏、上海、河南、安徽、湖南、湖北等地区，以设施葡萄和设施草莓为主，是我国设施避雨栽培最为集中的优势区域。

（4）西南产区，主要包括广西、四川等产区，以设施葡萄和设施柑橘为主，葡萄避雨栽培和柑橘简易延迟栽培是该区域的主要设施栽培类型[58]。

我国是世界第一大水果生产国，水果产业是农民增收的重要产业之一。我国果品的生产总量、栽培面积及资源种类均居世界首位，优势农业产业的集聚度日趋显著，形成了许多具体产业的集聚区[59]。目前，果树的种植模式有三种：一是露天栽培果树，主要以时令水果为主，随着时令出售；二是反季节种植，使用设施农业技术，可以获得更高的经济效益；三是采摘园模式，综合旅游和果蔬销售。

中国做出碳达峰、碳中和的重大决策，大力支持新能源产业发展，以农业产业融合发展为重点，推进乡村振兴战略实施。《关于加快建立健全绿色低碳循环发展经济体系的指导意见》（国发〔2021〕4号）明确提出"以清洁能源等为重点率先突破，做好与农业融合发展，全面带动一、二、三产业和基础设施绿色升级"[60]。光伏农业将光伏发电与农业生产相结合，通过利用光伏太阳能发电所产生的电能来辅助开展农业生产活动，满足农业生产能源的自给自足，多余的电能还可以并入国家电网获取收益，是一种农业生产新模式。果光互补将光伏发电与水果生产相结合，既能满足水果的正常生长又能依靠发电产生更大的经济效益。

4.1.2 果光互补的模式

目前，常见的果光互补模式主要有两种：光伏＋露天水果模式和光伏＋设施水果模式。

（1）光伏＋露天水果模式。由于光伏发电的特性，光伏电池通常作为覆盖物安装在露地上，因此它对阳光的遮挡在一定程度上会影响果树的正常生长。因此，光伏板下适合种植一些耐弱光或喜阴的水果，如图4-1～图4-5所示为几类常见的光伏＋露天水果模式。

（2）光伏＋设施水果模式。国外果树设施栽培起步较早，其中，日本是世界上果树设施栽培面积最大、技术最先进的国家。目前，国外果树设施栽培的技术与应用研究已经涉及品种适应性与选育、设施功能与环境控制、生态模拟与驯化栽培、果品周年供应与绿色生产、生理生物学基础与靶体调控等方面；在环境调节与控制方面，已达到计算机智能整体控制和专家系统相结合的先进水平，果树设施栽培已经呈现人工气候室的显著特征[61]。我国设施果树栽培兴起于20世纪八九十年代，设施涉及小拱棚、大棚和日光温室。设施类型以日光温室为主、塑料大棚为辅，生产模式以促早栽培为主、延迟栽培为辅。树种主要涉及草莓、葡萄、桃、樱桃、柑橘[62]。近些年，我国设施果树栽培技术发展飞快，设施果树栽培的树种已接近30多种，主要以浆果类和核果类为主：主要有葡萄、草莓、桃、杏、李子、樱桃、早熟梨、无花果、枣、毛叶枣、杏梅、佛手、柑橘和番木瓜等树种，其中，以草莓面积最大，葡萄和桃次之，樱桃、杏和李等居后；早熟梨、无花果、枣、杏梅、佛手、柑橘和番木瓜等略有发展；南果北种在北方地区也有所发展，如芒果、番石榴、莲雾、百香果、甜杨桃、香蕉和火龙果等。

(a) 桃子成熟

(b) 板下桃子采收

图 4-1　光伏板下种桃子

(a) 西瓜成熟

(b) 板下西瓜种植

图 4-2　光伏板下种西瓜

(a) 板下火龙果种植

(b) 火龙果成熟

图 4-3　光伏板下种火龙果

(a) 沃柑成熟后采摘

(b) 板下沃柑采摘

图 4-4　光伏板下种沃柑

(a) 板下猕猴桃种植

(b) 猕猴桃成熟

图 4-5　光伏板下种猕猴桃

目前，光伏与设施水果的组合有：光伏水果塑料大棚、光伏水果日光温室、光伏水果连栋温室、光伏水果植物工厂。

1）光伏水果塑料大棚。光伏水果塑料大棚除了给水果大棚供给照明等所需电力，多余的电量还可以并网。在光伏水果塑料大棚离网体系中，还可以和 LED 体系相调配，在白天发电给植物的生长提供保障，到了晚上 LED 体系还可以把白天发的电提供给植物进行补充光照。对于农民来说，大棚的"升温、保温"是一直困扰他们的难题。而光伏水果大棚的实现，将对这一难题进行很好的解决。每当 6—9 月气温升高，影响很多种类的水果正常生长，而光伏水果大棚能够有效地对红外线进行隔绝，使大棚里的温度不会很高。而在冬天或晚上，则能够避免大棚里的红外波端的光向外辐射，使大棚里的温度不至于下降太快，保证了大棚里的温度，从而给水果提供一个良好的生长环境。

图 4-6 为常见的光伏水果大棚，主要种植一些时令型水果，如西瓜、葡萄、甜瓜等水果，其缺点是不能越冬，无法生产反季节水果。

2）光伏水果日光温室。日光温室是我国现代化设施农业典型的建筑结构形式，在我国的西部和北方地区发展较快。因为在这两个地区，冬季气温普遍偏低，夜间气温剧降，耐寒、经济价值低的果类勉强越冬，而经济价值相对较高的反季节水果依靠日光温室内的夜间气温无法满足作物生长要求。

(a) 光伏拱棚全景

(b) 光伏拱棚近照

(c) 光伏棚内西瓜种植

(d) 光伏棚内葡萄种植

图 4-6　光伏水果大棚

目前，大部分日光温室冬季主要依靠传统的煤、电供暖来解决温室作物越冬的难题。随着经济社会的发展，现代农业绿色低碳、节能环保、可持续发展的要求，光伏发电技术的日趋成熟、可靠，光伏成本不断下降，依靠太阳能光伏系统的供电来满足日光温室的用电需求变为现实，从而降低了一次性能源的消耗，发展了绿色农业。

光伏日光温室发电工作原理：晶硅电池组件吸收太阳能辐射产生电能，经控制逆变一体机后直接供负载使用或存储于蓄电池中，供日光温室的用电需要，若蓄电池中电能供应不足，则负载可通过控制逆变一体机自动与市电相连。图 4-7 为当前光伏水果日光温室的常见形式，该温室能够实现越冬，保证草莓等浆果反季节供应，大大提高了日光温室的经济效益。

3）光伏水果连栋温室（见图 4-8）。在我国现有的温室中，连栋温室是性价比最高的一种温室，它在传统单栋温室的基础上进行科学合理的改进，实现了节约空间、方便管理等功能，这些功能使其具有极为广阔的发展前景。连栋温室其缺点是建设成本较高，常规连栋温室建设成本在 $1000 \sim 1500$ 元 $/\mathrm{m}^2$，北方运营能耗较大，光伏与连栋温室的结合能够有效解决连栋温室的能耗问题。光伏水果连栋温室内部空间较大,适合一些常规果树及热带果树的种植,如香蕉、芒果、木瓜等水果。

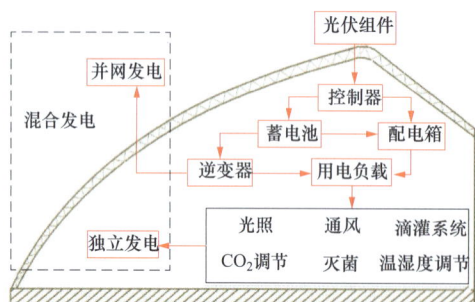

(a) 光伏日光温室发电工作原理

(b) 光伏日光温室

(c) 光伏日光温室草莓种植

(d) 光伏日光温室小番茄种植

图 4-7 光伏水果日光温室

图 4-8 光伏水果连栋温室

4）光伏水果植物工厂（见图4-9）。植物工厂是通过设施内高精度环境控制实现农作物周年连续生产的高效农业系统，它结合立体栽培技术，能够充分利用空间进行农业生产。

(a) 植物工厂顶部光伏板铺设

(b) 植物工厂蓝莓种植

(c) 多层立体种植

(d) 植物工厂草莓种植

图 4-9　光伏水果植物工厂

常见的光伏水果植物工厂分为大型的植物工厂和小型的集装箱式植物工厂，均可满足水果的工业化生产。在人工光植物工厂中，光和温度是植物生长需要调控的重要因素。但目前人工光植物工厂的照明和空调设备能耗高居不下，能耗成本占人工光植物工厂运行成本的30％～50％，温度调节能耗占总能耗的15％～35％。

光伏水果植物工厂将新能源发电技术与植物工厂相耦合，极大程度地降低了光伏水果植物工厂用电成本，提升经济效益。光伏水果植物工厂常用来种植一些高附加值水果及为岛礁、沙戈荒等恶劣环境地区提供新鲜水果。目前，草莓和蓝莓均已实现光伏水果植物工厂栽培。

4.1.3　果光互补的优点及未来发展趋势

（1）果光互补的优势。

1）政策优势。2022年1月6日，国家能源局、农业农村部和国家乡村振兴局三部门联合下发了《加快农村能源转型发展助力乡村振兴的实施意见》（国能发规划〔2021〕66号），再度布局"光伏＋现代农业"。2022年1月24日，国务院下发的《国务院关于印发"十四五"节能减排综合工作方案的通知》（国发〔2021〕33号）中强调，要加快太阳能等可再生能源在农业生产中的应用。2022年2月22日，中央一号文件发布，该文件指出要有序推进农村光伏新能源建设。

2）光伏产业优势。经过多年的不懈努力和发展壮大，光伏产业已成为推动新能源产业变革和发展的重要引擎，在技术发展水平、产业规模、应用场景等方面均位居世界前列。相关数据表明，2020年全国新增和累计光伏装机容量均已位列世界第一。其中，光伏新增装机容量48.2GW，累计发电装机容量达2.53亿kW。

3）经济效益优势。光伏与水果产业结合，可实现土地上方光伏组件发电，下方种植水果，实现土地的多层次利用，同时还可以融合观光旅游和科技展示等功能，大幅度提高土地的使用率和单位经济效益。农业绿色化发展离不开清洁能源的使用，农业数字化发展需要充足的电力保障，光伏发电产生的电能直接供给农业生产使用，既能避免传输中的能源消耗，又能提供满足农业低碳化、数字化发展所需的清洁电力，额外的电能还能并网，也有一定的经济收益。对地方发展来说，光伏带来了新的产业，意味着基础设施建设的提升和新的就业需求，可以拉动经济增长。

（2）未来发展趋势。将光伏、水果产业、生态、旅游结合起来，利用光伏设施、田园景观、农业生态环境和生态农业经营模式，发展贴近自然的特色旅游项目，突出科技、种植、艺术、互动等多种农旅与研学主题；将光伏水果园区打造成为休闲农业"打卡地"，为游客和青少年提供采摘、研学、观赏、采风的平台，加速果光互补与现代农业、创意农业的深度融合，增加农业及旅游收益，带动当地农民持续增收。

4.2 菜光互补

4.2.1 发展概述

蔬菜是指以柔嫩多汁器官或整个植株供人类食用的草本植物，是人们日常饮食中必不可少的食物之一，占食物消费总量的41%。我国普遍栽培的蔬菜约有20多个科，主要集中在十字花科、伞形科、茄科、葫芦科、豆科、百合科、菊科、藜科8大科[63]。2022年，我国蔬菜播种面积约为2237.5万hm²，同比增长2.3%，蔬菜产量约为78705.2万t，同比增长2.6%，产量稳居世界第一。

现阶段，蔬菜种植主要分为露天种植和设施种植。近年来，我国设施农业飞速发展，2022年我国设施种植面积达约28466.7km²，占世界设施农业总面积的80%以上，其中，设施蔬菜（含食用菌）占81%，占我国蔬菜总产量的30%；2023年中央1号文件将发展现代设施农业作为农产品稳产保供的重要任务。《全国现代设施农业建设规划（2023—2030）》提出，到 2023 年，设施蔬菜产量占比提高到 40%。由此可见，我国露天蔬菜产量与设施蔬菜产量的差距在进一步缩小，两者发展均大有可为。不论是露天蔬菜种植和设施蔬菜种植都离不开能源的供给，蔬菜灌溉、照明、通风、农业机械等需要大量的能源支撑来进行蔬菜生产。基于 2021 年 12 月 29 日，国家能源局、农业农村部和国家乡村振兴局联合发文《加快农村能源转型发展助力乡村振兴的实施意见》（国能发规划〔2021〕66号），鼓励在光伏板下开展各类经济作物规模化种植，提升土地综合利用价值。因此，菜光互补具有很大的市场前景。

4.2.2　菜光互补的模式

光伏农业是在农业基础设施中安装太阳能发电设备，将现代农业与清洁能源结合的一种农业生产形式[64]。光伏农业通过"板上发电，板下种植"的模式，在农业耕地资源紧张的背景下，既能实现光能发电，又能进行作物种植，可有效提高单位面积土地产出率，具有高效低碳、经济和社会效益高等优势。

目前，常见的菜光互补模式主要有两种：光伏＋露天蔬菜模式和光伏＋设施蔬菜模式。

（1）光伏＋露天蔬菜模式。零排放的光伏板可保护露天蔬菜免受干旱和冰雹或强降雨等极端天气的损害。通过部分遮挡蔬菜生产区，可以降低蒸发率。光伏面板作为集流面收集雨水，加上清洗光伏面板的额外用水，增加了土壤含水量，其遮阳作用降低了地表水分蒸发，一定程度上有利于蔬菜的生长[65]。与传统露天蔬菜的不同之处在于光伏板覆盖了大部分地面，形成了荫蔽弱光的环境。因此，在光伏板下面发展露天蔬菜种植业就要求种植对光照需求较低，具有较强的耐阴能力的蔬菜[66]。适合光伏板下种植的蔬菜，常见的有菜心、菜苔、茄子、辣椒、韭黄、蒜黄、姜、莴笋等。

贵州义龙新区新桥镇木科村利用当地光伏板下土地资源，引进安龙云福食品有限公司，通过采取"光伏＋农业"产业互补模式发展蔬菜种植，全力打造云贵川首个千亩光伏农业蔬菜种植基地（见图 4-10）。该光伏电站项目总装机容量 70MW，占地约 1.2km²，年发电量 9000 万 kWh，基地目前以种植香芋南瓜、包菜和青口白为主，其中香芋南瓜一年的产量约 500t，包菜和青口白每一季都是 3000～4000t。该项目为当地创造大量就业机会，让农民增加收入。

山东临清市刘垓子镇与润和农业有限公司开展合作，提出了光伏场区特色农业种植方案，在光伏场区发展以生姜、辣椒种植为主体的光伏农业项目，目前已完成 5 个村的蔬菜种植，流转土地约 0.933km²，实现了光伏场区和现代农业完美结合（见图 4-11）。该项目总装机容量 70MW，运行期间年平均发电量 8789.38 万 kWh，可实现销售收入 3637.9 万元，纳税约 400 万元，年可节约标煤 27247.07t，减少 CO_2 排放量约 75711.7t。其项目组建的现代农业产业公司，可实现农业年收入 500 万元以上。与过去传统模式相比，综合生产效率提高 5～8 倍，综合产值提高 1 倍左右，综合经济效益提高 1.5 倍以上。其光伏板下种植的辣椒，年亩产值可达 4000～5000 元，生姜年亩产值可达 4 万～5 万元。为当地农民解决就业问题，带动农民共同致富。

(a) 板下蔬菜种植管理

(b) 光伏板铺设

图 4-10　贵州义龙新区新桥镇木科村光伏农业蔬菜种植基地

图 4-11　山东临清市刘垓子镇光伏农业项目蔬菜种植基地

（2）光伏＋设施蔬菜模式。近年来，设施农业飞速发展，带动设施蔬菜种植的规模进一步扩大，日常我们食用的蔬菜大都来自于设施农业。随着生活水平的提高，人们对食品的安全健康与环保越来越重视，无公害蔬菜在国内需求量逐步增高，市场前景广阔。由于无公害蔬菜在农药与化肥等方面有着严格的把控，导致其抗逆性一般较弱，所以需要在设施农业中通过利用光伏发电产生的电能进行人工环境控制，创造适宜蔬菜生长的环境，逐步扩展种植蔬菜种类。

目前，光伏与设施蔬菜的组合有光伏蔬菜大棚、光伏蔬菜日光温室、光伏蔬菜连栋温室、光伏蔬菜植物工厂。

1）光伏蔬菜塑料大棚。光伏蔬菜塑料大棚是在蔬菜塑料大棚的棚顶安装光伏装置，在大棚内种植蔬菜的一种综合设施，光伏蔬菜大棚如图 4-12 所示。它是在原有耕地面积的基础上合理安装光伏装置，在一定的空间内高效利用资源，在实现农业丰收、获得额外发电的经济效益时，还能实现节能减排。光伏蔬菜大棚造价低廉，可满足大部分应季蔬菜种植，起到春提前、秋延后的保温栽培作用；其缺点是蔬菜无法越冬栽培，无法满足人们对反季节蔬菜的需求。

| (a) 光伏大棚近景 | (b) 光伏大棚排列 | (c) 棚内蔬菜种植 |

图 4-12　光伏蔬菜大棚

2）光伏蔬菜日光温室（见图 4-13）。蔬菜日光温室是最为常见的一种农业设施，可实现蔬菜反季节生长，满足人们冬季对新鲜蔬菜的需求。蔬菜日光温室以太阳辐射为主要能源，靠最大限度的前屋面采光、后墙蓄热及保温被覆盖保温等蓄热保温措施，以充分利用光热资源、减弱不利气象因子影响，是节能、高效、低成本温室结构形式的代表[68]。光伏蔬菜日光温室一般是将光伏组件安装在温室前屋面或是后墙上，通过光伏发电改善蔬菜生长环境，提升蔬菜的产量和品质并且能够实现提前上市，获得更大的经济效益。

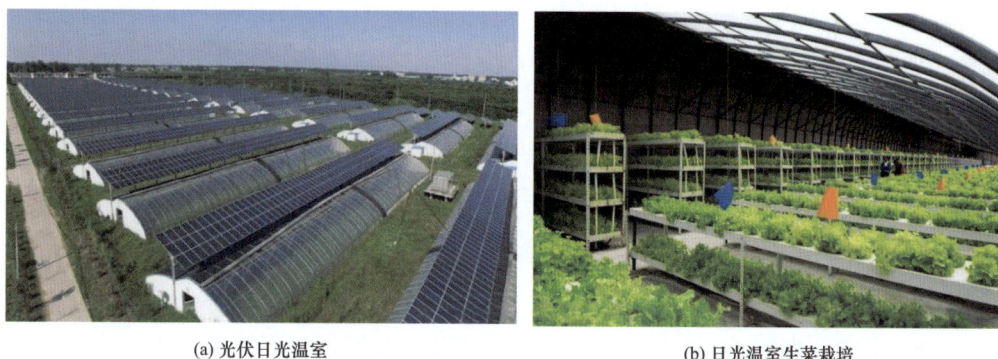

| (a) 光伏日光温室 | (b) 日光温室生菜栽培 |

图 4-13　光伏蔬菜日光温室

3）光伏蔬菜连栋温室（见图 4-14）。连栋温室是温室的一种升级存在，其实就是一种超级大温室，或理解为一种扩建。把原有的独立单间温室，用科学的手段、合理的设计、优秀的材料将原有的独立单间模式连起来，实现了节约空间、方便管理等诸多功能。在我国现有的温室中，连栋温室是性价比最高的一种温室。光伏蔬菜连栋温室的光伏板适宜安装于采光条件优良的棚顶。根据不同地区气候、光照条件不同，以保证连栋温室内蔬菜正常生长发育为原则，同时考虑光伏发电量，进行合理几何布局、设计光伏板覆盖比率等。

(a) 光伏连栋温室　　　　　　　　　　(b) 连栋温室蔬菜种植

图 4-14　光伏蔬菜连栋温室

4）光伏蔬菜植物工厂。植物工厂是通过设施内高精度环境控制实现农作物周年连续生产的高效农业系统，是利用智能计算机和电子传感系统对植物生长的温度、湿度、光照、CO_2 浓度及营养液等环境条件进行自动控制，使设施内植物的生长发育不受或很少受自然条件制约的省力型生产方式。电能是该系统的唯一的动力能源，因此耗电量大多是限制植物工厂发展的主要因素之一[69]。

光伏蔬菜植物工厂将新能源利用技术引入植物工厂中，用新能源代替常规电能供能。由于蔬菜植物工厂是一种密闭设施，可将其顶部布满光伏板件进行光伏发电为蔬菜植物工厂供能，光伏蔬菜植物工厂如图 4-15 所示，目前光伏蔬菜植物工厂以叶菜生产为主，根据其生长所需条件，智能控制环境因素，打破环境限制，实现周年生产，缩短生长周期，单位面积产量是传统种植方式的几十倍，并且无连作效应。由于植物工厂内环境受到严格控制，无病虫害产生，因此无农残，无重金属污染，品质优良。

4.2.3　菜光互补的优点及未来发展趋势

（1）菜光互补的优势。

1）政策优势。2011 年，国家"十二五"规划明确提出将大力发展光伏等新能源产业，光伏农业在中国有着很高的呼声，生产主体、社会、政府都对光伏农业给予了很大的期望。中国政府对于光伏应用表现出了积极的态度，并在政策上给予了相应的支持。党的二十大提出，要积极稳妥地推进碳达峰、碳中和。

2）土地利用优势。太阳能发电会占用土地空间，在土地资源有限的情况下，太阳能发电就成了挑战。菜光互补不仅可以产生太阳能，而且可以有效地利用土地资源，在建设

(a) 光伏植物工厂

(b) 植物工厂水培蔬菜种植

图 4-15　光伏蔬菜植物工厂

光伏温室时，用户不必注意阳面或阴面地区的利用，当光伏温室置于阴面时，在光伏温室的发电系统中，农民可以使用 LED 灯进行调节，白天发电以确保植物生长，晚上使用 LED 照明系统向作物补光以满足作物生长所需的光照，光伏温室与传统太阳能发电站相比，能最大程度地使用电力[70]。

3）蔬菜生长优势。季节变化对传统温室影响较大，据试验观察，一般温室夏季温度在 50℃以上，严重影响了蔬菜的正常生长。试验结果表明，光伏温室的温度白天低于室外温度，夜间高于室外温度。夏天太阳能电池板可以阻挡多余的热量，防止过高的室内温度。冬天光伏板可以调节室内温度，使室内温度保持在一定范围内，起到保温作用，促进蔬菜的生长。

4）经济效益优势。利用光伏发电可以满足农业设施的电力需求，可以将电并网销售给电网公司，实现收益，为投资企业产生效益。现代农业逐渐走向农业科技化和农业产业化，逐步实现规模化，从而达到实现经济规模化。此外，菜光互补模式的发展能够带动地区产业发展和农民就业，各地区菜光互补模式的应用，为当地就业市场提供了机会。

（2）未来发展趋势。影响菜光互补发展的两个因素即建设成本和光伏板与蔬菜对太阳能的竞争，应着重在这两方面进行探索。

对于技术方向来说，应着重开发适宜蔬菜种植的太阳能光伏板，蔬菜的光合作用吸收光谱与太阳能板吸收光谱并不相同，开发新型太阳能光伏板，将光伏板不需要的光谱带顺利透过蔬菜进行光合作用，或是开发可调节透光率的发电板等；开发与蔬菜种植配套的设施设备，以太阳能系统综合应用为目的的专用控制设备与控制软件。

对于结构方面来说，建立合理的光伏生产模式，可以尽可能减少光伏板对蔬菜生长的影响，如传统日光温室种植喜光蔬菜，将采光面全部覆盖光伏板的光伏温室种植喜弱光蔬菜，光伏板发电用于对喜光蔬菜补光，并建立配套的采光面更换设备；采光面全部覆盖光伏板，针对喜弱光蔬菜进行栽培，光伏板发电直接并网，获取种植和供电双收益；建造阴阳棚，阳棚种植喜光蔬菜，阴棚种植喜弱光蔬菜，光伏板铺设在后屋面或后墙上，光伏板阴影对阴棚进行遮光，使阴棚达到更好的遮阴效果；为不影响温室内蔬菜种植，将园区道路上方、办公区采光面铺设光伏板，充分利用园区土地；将光伏产业与植物工厂有机结合，进行顶部发电，供应植物工厂用电。

4.3　牧光互补

4.3.1　概念及意义

牧光互补是草原畜牧业与光伏产业复合发展的新模式。牧光互补模式是指在草原牧场安装光伏电站，利用太阳能电池板进行光伏发电，在电池板下种植牧草、饲养牲畜的生产模式，即畜牧养殖与光伏发电的耦合。牧光互补模式使得光伏发电与畜牧养殖得以同时进行。在牧场安装的太阳能电池板具有防风阻沙、减少蒸发、改善墒情的功效，对草原生态具有较好的保护作用，而牧光互补模式使居民收入来源不再以传统养殖业为主，还可从光伏发电产业中获利，区域综合效益得以提升。同时，发展牧光互补模式，对于高效利用太阳能资源、实现"双碳"目标具有重要意义。

4.3.2　研究发展现状

随着光伏产业的不断发展，牧光互补作为具有明显资源与环境影响、兼具经济社会效益与生态效益的新兴业态，引起了国内外学者的广泛关注。例如，阿德（Adeh）等对农光互补模式的生产效率进行计算[71,72]；蒋广洁等基于试验探究了牧光互补模式的运行机理与技术手段[47]。其试验指出，自2014年以来，以市级农业龙头企业枣庄市牧天牛养殖开发有限公司为基点，探索了以肉牛养殖为核心，以农牧光互补组合发展生态循环农业经济技术模式，即在肉牛规模养殖场棚顶安装太阳能电池组件，开发应用光伏发电系统集成技术，生产绿色电能，同时就近并入国家电网，产生发电收入；养殖棚内实施标准化肉牛养殖，生产中高端特产肉牛；以沼气工程为纽带，把养殖粪污和部分作物秸秆作为沼气池填料实行资源化利用，产生的沼气用作发电和生产生活燃料，对发酵后的沼渣、沼液进行干湿分离，沼渣用作生产有机肥的基料，沼液及有机肥作为生态循环示范基地种植作物的肥料；作物秸秆进行青贮（饲用、氨化或黄化）作为肉牛饲料或粉碎后直接还田，实现了企业生产系统内资源的循环利用，产生了良好的经济、社会、生态效益，形成了示范带动作用，创新了新旧动能转换发展农业、农村经济的新型业态。其农牧光互补型生态循环农业技术模式流程如图 4-16 所示。

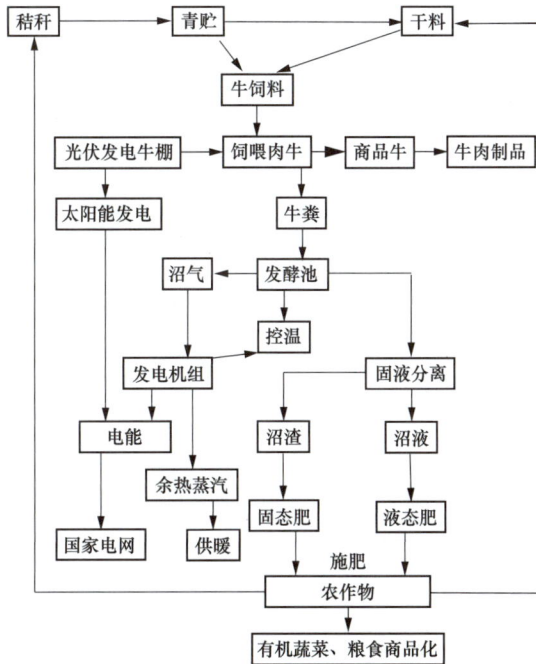

图 4-16　农牧光互补型生态循环农业技术模式流程

　　陈健等基于国内外大量研究资料，指出牧光互补模式可以通过在养殖棚顶铺设光伏板来实现，也可以通过直接将光伏设施作为养殖动物的围挡来实现[73]。例如，兔子养殖和光伏发电耦合共生模式具有多种协同作用：一是减少太阳能农场的运维成本，约占太阳能收入的 1.4%～7.9%；二是源于兔子销售或土地租金的经济收益增加，约占太阳能收入的 1.0%～17.1%；三是通过将现有的光伏设施（光伏板和支架）作为围栏，为兔子养殖节省成本（高强度兔子养殖的最大成本），并保护兔子免受空中掠食者的侵害及过多的阳光照射。此外，此类项目的开发会增加农光互补的社会支持，并扩大美国对兔肉的市场需求[74]。

杨丽雯等则通过综合利用气象数据、自然地理与经济社会数据，评估了内蒙古自治区牧光互补模式开发的适宜性，并对内蒙古自治区电力需求与光伏发电潜力进行区域耦合分析[75]。其结果表明，内蒙古自治区牧光互补模式开发潜力巨大，开发适宜区共47.97万 km^2，约占全区面积的40.65%，集中分布在内蒙古中部与东部盟市。其中，非常适宜区面积为28.43万 km^2，较适宜区面积为10.28万 km^2，一般适宜区面积为9.26万 km^2。同时，内蒙古自治区电力需求呈现"中部高，东西低""东部高，西部低"的特征。鄂尔多斯市东部、呼和浩特市与乌兰察布市南部、赤峰市与通辽市东部及呼伦贝尔市北部地区为高电力需求区，兴安盟与阿拉善盟两地为低电力需求区。而内蒙古自治区牧光互补模式开发适宜性与电力需求的区域耦合特征显著。高适宜性—高需求区约为20.78万 km^2，高适宜性—低需求区约为13.63万 km^2，低适宜性—高需求区约为21.39万 km^2，低适宜性—低需求区约为20.01万 km^2。因此，在内蒙古自治区发展牧光互补模式，对于高效利用太阳能资源、实现"双碳"目标具有重要意义。

4.3.3　典型案例

近年来，牧光互补模式在我国各地不断开工落地，实现了可观的装机量和经济、社会和环境效益。

例如，2022年8月24日，云南省昭通市巧家县海坝光伏发电项目正式并网发电。该项目位于巧家县老店镇大岩洞村，项目规划装机规模为240MW，规划用地为3.83km²，项目总投资为13.47亿元，预计项目年上网平均发电量为4.25亿kWh。巧家县海坝光伏项目采用牧光互补模式进行建设，光伏板最低安装高度为2.5m，在光伏发电的同时，不影响当地群众放牧，实现了对土地的高效利用。项目建成投入运营后，16%的利润将用于巧家县巩固拓展脱贫攻坚成果，推进乡村振兴。同时，每年可节约标煤约为13万t，减少 CO_2 排放约为32万t、二氧化硫排放约为144t、氮氧化物（以 NO_x 计）约为144t、烟尘约为43t，将极大地减少环境污染，同时每年还可节约淡水为123万 m^3。

2023年3月23日，海东市化隆回族自治县举行250MW牧光互补复合型光伏发电项目启动仪式。化隆县250MW牧光互补光伏发电项目总投资为9.03亿元，项目以牧光互补模式，光伏组件下可供植被生长、牧羊，投产后年均可利用小时数为1459.3h，年均发电量为3.6亿kWh，年节约标煤12万t，减少 CO_2 排放量为35.7万t，具有良好的经济和社会效益。截至目前，已完成200MW装机容量建设。

2023年8月26日，华能高青（一期）100MW牧光互补发电项目（见图4-17）在高青县唐坊镇纽澜地牧场并网成功。这是中国华能集团有限公司首个牧光互补发电项目，同时也是山东最大的牧光互补发电项目，纽澜地牧场中，数百个牛棚整齐排列，牛棚顶部却不是传统的棚顶，一片片黑蓝色的光伏板迎着天空与太阳"相拥"，场面颇为壮观。该工程一期项目现共有 196 个牛棚，配有 14.3 万余块光伏板，牛棚、光伏同时工作，成为一道景观。该项目打造的牧光互补项目，就是将光伏组件直接铺设在养殖场牛棚棚顶，养牛的同时发出绿电，以实现多产业链融合互动。项目由中国华能集团公司山东分公司投资，由华能辛店发电有限公司运营管理，规划容量为 300MW，占地面积约为 3km²，分两期施工建设。一期项目占地面积为 1km²，建设规模为 100MW，当日并网发电后正式投入使用。

图 4-17　华能高青（一期）100MW 牧光互补发电项目

上光下养，光畜互补，光伏＋养殖模式的益处不言而喻。一期项目全容量投产后，年均上网电量 1.17 亿 kWh 左右，与火电相比，每年可节约标准煤约为 3.57 万 t，减少 CO_2 排放量约为 9.29 万 t。而相比传统光伏项目，牧光互补项目还极大地提高了土地利用率，利用棚下养殖、棚上发电模式让新能源开发与黑牛养殖相得益彰。既能获得经济效益，又能实现绿色减碳、提升资源利用率，可谓是一个项目实现"双赢"。淄博当地不仅光照充足，而且背靠黄河，在这里开发牧光互补项目，正是中国华能集团公司山东分公司践行国家黄河流域生态保护和高质量发展战略的具体实践。而淄博高青黑牛养殖产业园是国内著名的黑牛养殖基地。凭借着优越的先天条件，秉持着"每日从牧场直达餐桌"的理念，高青县唐坊镇纽澜地牧场成为盒马生鲜雪花黑牛肉的源头牧场。正是靠着得天独厚的地理环境与完整的商业需求链，牧光互补产业从此处诞生。

该项目的棚顶并非普通平顶，而是一律朝南倾斜。项目设计之初就确定了使用高支架安装模式，采用单面南坡结构，铺设倾角为 13°，既可以让光伏板达到负荷能力，也利于后续清洁，同时又能满足养牛采光通风的需求。经历了漫长的可行性研究与实验才确定了如此精准的角度。如何运输光伏板、如何安装光伏板……在没有经验可借鉴的情况下，华能辛店发电有限公司在中国华能集团公司山东分公司的带领下，不断摸索经验，最终让光伏＋养殖成为"良配"。

从传统火电到新能源跨越发展，华能辛店发电有限公司将借助此项目迈出转型发展一大步。截至目前，中国华能集团有限公司电、热、风、光、储、运并举的发展格局已初步形成，涵盖集中式光伏、分布式光伏、储能电站等众多领域，涵盖全国多个地域，朝着建设一流现代化清洁能源企业的目标奔去。

4.4 草光互补

4.4.1 我国草原的面积及分布

中国草原面积为 3.93 亿 hm²，约占国土面积的 40.7%，是世界上少数几个草原大国之一。中国不但拥有热带、亚热带、暖温带、中温带和寒温带草原植被，还拥有世界上独一无二的高寒草原类型。广袤丰饶的草原不仅是中国大地极其重要的自然生态系统，也是极为宝贵的国家财富。

不考虑草原的自然地理特性，仅从行政区域分布看，我国天然草原面积最大的前 3 个省（自治区）为西藏、内蒙古、新疆。其中，西藏自治区草原面积占全国草地面积的 20.9%；内蒙古自治区草原面积占全国草地面积的 20.06%；新疆维吾尔自治区草原面积占全国草地面积的 14.58%[76]。北方其他草原面积较大的省（自治区）包括青海、甘肃、四川、宁夏、辽宁、吉林、黑龙江等。南方草山草坡主要分布在广东、广西、湖南、湖北、江苏、浙江、江西、安徽、海南，中国天然草地主要分布在 3 个区域，即北方温带干旱半干旱草原区、青藏高寒草原区，以及南方草山草坡区。植被类型上，可以概括为典型草原、草甸草原、荒漠草原和高寒草原，以及主要分布在沼泽湿地和南方草山草坡的草甸、草丛。四川、云南、贵州等境内的山地和滩涂地区。

不同的草原自然地理条件差别较大，导致草地生产力有别，如青藏高原的高寒草原，其载畜能力就不如北方典型草原。从畜牧业的发展来看，我国当前主要有 6 大牧区：内蒙古是我国最大的牧区，新疆是我国第二大牧区，西藏是我国最大的高原牧区，居第三位。青海、甘肃、川西北牧区分别是我国第四、第五和第六大牧区，图 4-18 为我国草原牧区实景图。

图 4-18 我国草原牧区

4.4.2 我国草原的多重价值

过去，人们认为草原就是草畜生产基地，但现在草原的生态功能、生产功能、生物多样性功能、观光游憩功能和文化传承功能被重新认识。

生态功能是草原的第一大功能。草原生态系统是我国北方的生态屏障及重要的生物资源库和重要的碳库。从青藏高原往北，沿祁连山、贺兰山、阴山至大兴安岭的万里风沙线上，草原和森林是阻止荒漠蔓延的绿色屏障。草原的水源涵养能力是农田的 $40\sim100$ 倍，是森林的 $0.5\sim3$ 倍[77]。我国长江、黄河、澜沧江、雅鲁藏布江、黑龙江等大江大河的源头都在草原。其中，黄河水量的 80%、长江水量的 30%、东北河流一半以上的水量均直接来源于草原。草原是防风固沙、保持水土的第一道屏障。草原还是生物多样性的基因库。我国草原生长着 1.5 万余种植物，其中包括 200 余种我国特有的饲用植物，6000 多种药用植物，如甘草、麻黄草、冬虫夏草等；草原上生活的野生动物有 2000 多种，有野骆驼、野牦牛、藏羚羊等国家一级重点保护野生动物 40 多种。草原丰富的基因资源为人类提供了许多独特的物种和产品，而且也是培育动植物新品种、发展农业生物工程最宝贵的基因库。人类培育的几乎所有的谷类作物都来源于草原，人类饲养的几乎所有的草食畜禽也都源于草原。

草原是发展草原畜牧业和草食家畜生产的核心基地，图 4-19 为草原畜牧养殖。草原畜牧业在中国主要的少数民族地区国民经济中已是独立的产业和社会经济发展的重要支柱。如在草原面积较大的西藏、内蒙古和新疆，牧业产值分别为该区农业总产值的 62%、39% 和 21%。其中，有些牧业县已达 70% 以上。天然草地丰富的动植物资源还是发展我国纺织、食品、乳品、制革、化工制药、狩猎及对外出口贸易等多种经济的原料基地。

图 4-19　草原畜牧养殖

此外，天然草地独特、秀丽的自然景观，也是我国旅游业蓬勃发展的重要资源。越来越多的人热衷于草地观光旅游、科考探险和休闲度假旅游。草原旅游正为牧区经济发展注入新的活力，成为牧民致富的一条新途径。

草原是人类文明的重要发祥地，草原的出现和发展揭开了人类历史篇章的第一页。研究人类起源的学者认为，人类的祖先类人猿或森林古猿是在森林环境中生存进化的，只有当类人猿由于气候变化而脱离了森林进入草原，才能在开阔的草地环境下通过适应与竞争，进化为直立行走的猿人，才能有垂直的脊椎以承受巨大的脑颅，并由于手足的功能分化而彻底解放出灵巧制造与使用工具的手，从而成为真正的人。

我国的天然草地上居住着 43 个少数民族，占全国少数民族总数的 77%。长期以来，各少数民族在辽阔的草原上生活、繁衍，他们多样的生产、多彩的生活，形成丰富的草原文化。草原文化作为一种以崇尚自然为特征的生态型文化，不论从生活方式和生产方式，还是从精神领域到生存过程，都同天地自然息息相关、融为一体、和谐共处并以此作为一般的行为准则和价值尺度，在此基础上升华为对大自然的珍爱、保护、虔诚和敬畏。

此外，我国草原呈"四区"叠加特点，既是生态屏障区和偏远边疆区，也是少数民族聚居区和贫困人口集中分布区。我国少数民族人口的 70% 生活在草原地区，草原边境线占全国陆地边境线的 60%，广大游牧民族为守护祖国边疆作出了重大贡献。

总之，我国辽阔的草原绝不仅仅是放牧场，它对维护全球生态平衡，发展畜牧业生产和生态旅游，保障国家粮食安全，繁荣社会经济，促进民族团结，稳定边疆、维护国土安全等，都具有十分重要的意义。

4.4.3　我国草原与光伏的结合

随着人类社会的不断发展，化石能源消耗始终伴随着环境污染，传统化石能源的使用需要进行进一步调整。太阳能作为一种清洁的可再生能源，具备普遍性、无限性、清洁性和经济性的特点，光伏发电技术结构简单、使用方便、价格低廉，太阳能发电技术在我国西北地区具有较好的发展前景。光伏电站的并网装机容量近年来呈迅速增加趋势。中国北方草原地区拥有充足的光照资源，在草原地区建设光伏电站具有良好的发展前景。

在干旱或半干旱地区退化草原，建设光伏发电场站，探索草光互补模式，开展"光伏产业带动生态建设"项目，即在光伏电站种植牧草。推动了土地资源的高效利用，而且能在一定程度上改善了水土流失和水源涵养，植被形成的绿色屏障还能改善光伏电站周边的环境，降低风沙对光伏电站造成的损失。

目前，草光互补项目在内蒙古、青海、甘肃等地已经大规模建设，山西、河北、宁夏、辽宁等地也陆续推出管理办法，鼓励草光互补的推进。未来在辽阔的草原上，将建设起更多的大型草光互补新能源基地。

4.5　菌光互补

4.5.1　菌光互补产业发展概述

（1）菌光互补概念解析。菌即食用菌，俗称蘑菇，指可食用的大型真菌，常包括食用和食药兼用的大型真菌。目前，可进行人工栽培的食用菌主要分为木腐菌和草腐菌，其分类依据的标准为营养来源和栽培所用原料的不同。木腐菌以阔叶树的木材为主要营养源，草腐菌以禾草秸秆（如稻草、麦草）等腐烂后的有机质为主要营养来源。世界上已知可供食用的真菌达到2000余种，其中，能够人工大面积栽培的约50种。目前，中国已知可食用菌品种有350多种，常见的食用菌有香菇、平菇、姬松茸、白灵菇、鸡腿菇、金针菇、羊肚菌、杏鲍菇、木耳、猴头菇、灵芝、冬虫夏草、茶树菇、口蘑、银耳、黑皮鸡枞等。菌光互补就是将光伏发电技术与食用菌人工栽培技术相结合产生的一种新型产业形式。

（2）菌光互补产业发展背景。

1）食用菌市场情况。食用菌是一类有机、营养、保健的绿色食品。食用菌产业是中国种植业中的一项重要产业，其产值仅次于粮、油、菜、果，位居第5位[78]。科学家们预言，21世纪食用菌将进展成为人类主要的蛋白质食品之一。2022年，我国食用菌的总产量达1200万t，居世界第一，食用菌产业已成为我国种植业中的一项重要产业。我国虽然是食用菌产量最大的国家，但年人均消费量不足0.5kg，美国年人均1.5kg，日本年人均3kg，全国年人均消费量与世界一些国家相比，差距较大。据海关供应的数据，前5个月，我国食用菌及制品累计出口15.05亿美元，同比增长24.45%；出口数量为25.24万t，同比增长14.41%，国外食用菌人均消费量每年正以13%的速度递增，有大的国外市场空间可供开拓。我国内地食用菌人均消费量还不到香港的1/10，因此国内市场潜力巨大。有调查表明：北京每年的食用菌产量为15万t，按固定人口1500万人计算，每人每年只能吃到10kg左右的食用菌，远远不能满意人们的需求。受此影响，所以对国内市场更要加大宣扬力度及产业整合，扩大消费群体，提高消费总量，以拉动生产；对国际市场关键是提高产品各层面质量，已求增加国际市场占有份额。

另外，食用菌具有多种营养价值，含有丰富的蛋白质、氨基酸、糖类、脂类、维生素、矿物质元素等多种营养成分，可以提高人体免疫力、降血脂、血糖、预防肿瘤等功效，在新冠肺炎疫情时，受到消费者的追捧。为此，食用菌消费市场会迎来大爆发，特别是一些珍稀食用菌如灵芝、桑黄、金耳等品种。

2）食用菌产业区域分布。自改革开放以来，我国食用菌产业发展迅速，到目前已经是全球生产大国，遍及大江南北，从南到北、从山区到平原，食用菌产业在为农业增效、农民增收方面发挥了重要作用。但我国食用菌区域间的发展是不平衡的。中国食用菌协会统计结果表明，产量超百万吨的省有河南、福建、山东、河北、江苏、四川、黑龙江7省，占全国总产的63%；50万～100万t的有广东、浙江、湖南、湖北、江西、广西、辽宁、吉林、安徽9省（自治区）。这16省（自治区）的产量占全国总产的93.8%。

3）食用菌相关的国家政策。中共中央、国务院《扩大内需战略规划纲要（2022—2035年）》指出，大力发展现代农业。现代农业是由植物、动物、菌物组成的生态循环农业体系，菌物将植物秸秆、畜禽粪便等转化为食用菌或有机肥，具有实现农业废弃物资源化、高效化，推进循环经济、保障粮食和食物安全的特征。发展食用菌产业是践行"两山"（绿水青山就是金山银山）理论，促进"两山"转化的重要途径。

2017 年，中央一号文件将食用菌产业列为提倡大力发展的"优势特色产业"之一。2019 年，中央一号文件再次明确：加快发展乡村特色产业。因地制宜发展多样性特色产业，倡导"一村一品""一县一业"、积极发展食用菌产业，支持建设一批特色农产品优势区。2023 年，"培育壮大食用菌产业"再次被写入中央一号文件。

（3）菌光互补行业由来。食用菌在实现大农业"双碳"目标和提高产业效益中，具有特殊地位和作用。作为微生物农业，它具有循环利用和消纳农作物秸秆、畜禽粪便等农业废弃物的作用，既富裕了农民，又减少了碳排放，是一般农作物种植和畜牧养殖无可比拟的。

不同于其他农作物的生长，食用菌生长喜阴耐湿，需要遮挡阳光，而太阳能光伏发电则需要阳光照射，将食用菌种植和光伏发电相结合，菌菇棚顶光伏发电，棚下种菇，实现二者对光照需求的完美互补。食用菌的菇棚顶上安装太阳能光伏电站，阳光通过光伏板转化电能，为大棚的空调供能，多余电力可用于农村自用电或余电上网；地面进行食用菌种植，既实现了对有限资源的循环利用，同时也解决了附带的环境压力，能够显著提升经济效益。此外，因为光伏食用菌大棚可以在棚顶铺满光伏组件，发电效率高于其他类型的光伏大棚，在不改变土地性质的同时提高了土地的综合收益和利用率，极大地促进了光伏产业的发展。

食用菌种植对温度要求极高，在大棚顶部安装光伏板，既可以为大棚遮阳挡雨，还可以用绿色低廉的电能为智能温控大棚供电，在酷暑天气降低棚内温度，在雨雪天气提高棚内温度，改善香菇生长环境的同时消纳清洁能源。这种板上发电、板下种菇的绿色致富模式，被命名为菌光互补。

（4）发展菌光互补的意义。在不改变土地性质和使用属性的情况下，菌光互补模式可实现菌棚棚顶发电，菌棚内高效种植食用菌，同时还带动光伏食用菌采摘观光旅游模式，打造现代化光伏食用菌产业链，开拓新时代特色高效农业菌光互补的创新之路。

1）高效强力驱动农村实现现代化转变。实现传统粗放型产业向精细化农业转型，摆脱传统农民就业机制，促进农村高效循环生态农业的全面形成，实现农村农民持续稳定增收，助推农村经济全面转型发展。

2）实现清洁电力替代。菌菇棚顶光伏发电电力可供农村自用，减少传统煤炭化石能源的使用，为地区环境优化改善和节能减排作出直接贡献。

3）成本共担，经济与环境效益显著。光伏电站与食用菌生长环境共用菇棚主体，在土地租赁和设施投入上实现成本共担，实现单位面积土地高效多层次利用，充分发挥光伏和食用菌两大高效产业的优势，促进产业持续和快速发展。

菌光互补模式，既为食用菌生长创造了适宜环境，又解决了光伏发电大量占地的问题，实现土地立体化增值利用，正是经济效益、社会效益和环境效益的多赢。

4.5.2　菌光互补的模式

（1）食用菌栽培模式。目前，根据设施主体的类型食用菌栽培的模式大概有以下几种：

1）林下种植。在茂密的山林或树林里播撒长满菌丝的培养料或者采用菌包在树下地面上直接种植生产仿野生食用菌[80]，林下种植如图 4-20 所示。

(a) 菌包出菇　　　　　　　　　　　　(b) 培养料出菇

图 4-20　林下种植

2）简易棚种植。宽阔的场地或者坡地搭设黑色遮阳网，在下面采用菌包或者培养料直接种植出菇，简易棚种植如图 4-21 所示。

图 4-21　简易棚种植

3）传统温室大棚种植。大棚顶部架设或者覆盖黑色遮阳网，在棚内进行食用菌出菇生产，传统薄膜大棚种植如图 4-22 所示。

(a) 大棚顶部覆盖遮阳网

(b) 大棚顶部架设遮阳网

图 4-22　传统薄膜大棚种植

4）连栋玻璃温室种植。以现代化连栋玻璃温室为主体，在棚内进行食用菌出菇生产，连栋玻璃温室种植如图 4-23 所示。

图 4-23　连栋玻璃温室种植

5）现代化植物工厂种植。在标准化厂房内立体多层式栽培食用菌、出菇生产，现代化植物工厂种植如图 4-24 所示。

图 4-24 现代化植物工厂种植

以上就是目前人工栽培食用菌最常见的 5 种模式，不同的栽培模式有不同的产生背景、应用优缺点，随着食用菌产业的不断发展近年来工厂化、规模化栽培食用菌已成为主流模式。

（2）光伏发电类型。太阳能作为一种可再生能源，主要利用形式除光伏发电、太阳能热发电、太阳能中低温热利用外，还有光化学、光感应和光生物转化等其他多种利用形式。目前，光伏发电的装机容量已占全部太阳能发电装机容量的 99％以上，已成为太阳能发电技术的主流技术路线之一[81]。

光伏发电主要包括集中式光伏发电和分布式光伏发电两大类。集中式光伏发电一般为大型地面光伏电站，其特点是将所发电能直接传输至主干电网，并由主干电网统一调配；分布式光伏发电主要指小型分散式光伏电站，其应用形式主要为屋顶分布式光伏发电。集中式光伏电站的投资大、建设周期长、占地面积大；而分布式光伏电站的投资小、建设周期短、政策支持力度大且选址自由，这些因素都使得分布式光伏发电在近些年得到了大力发展。由于集中式光伏发电对场址条件的要求高，在中国通常都建设在人烟稀少且光照资源丰富的西北地区，与用电需求大的长三角、珠三角地区距离遥远，输电过程中造成巨大的电能运输损耗，而分布式光伏发电则有效解决了电能长途运输的损耗问题；此外，分布式光伏发电还可将光伏发电组件作为建筑施工材料与建筑物表面相结合，从而可以节约光伏发电系统的占地面积。

（3）菌光互补产业结合形式。基于"双碳"目标、产业效益提升、光照需求等因素的综合考虑，光伏产业与食用菌栽培产业完美结合应运而生了菌光互补新型产业方式。

菌光互补就是利用食用菌人工栽培、光伏发电各自的技术特点、产业需求将分布式光伏发电与不同的食用菌栽培模式相结合，达到结构融合、系统融合、产业融合，进而实现彼此之间互惠互利的新型产业模式。目前，国内外菌光互补主要有以下几种形式[82]：

1）将食用菌简易棚栽培模式中的遮阳系统用光伏组件代替，在光伏板下种植食用菌如图 4-25 所示。一地两用，纵向开发，充分利用土地资源的同时发展两种产业，提升了经济效益，降低了产业发展成本。

图 4-25　光伏板下种植食用菌

2）在传统温室大棚食用菌种植模式中的大棚上加装铺设光伏组件或者将传统薄膜大棚的薄膜直接用柔性薄膜太阳能电池材料代替，大棚的骨架作为光伏组件的支架、光伏组件代替大棚的遮阳系统或者直接作为大棚的覆盖材料，棚内正常种植食用菌，光伏＋传统温室食用菌大棚如图 4-26 所示。

图 4-26　光伏＋传统温室食用菌大棚

3）用太阳能光伏板将种植食用菌的现代化连栋玻璃温室的部分顶部及立面覆盖材料（钢化玻璃、PVC 阳光板）替换，光伏＋食用菌玻璃温室如图 4-27 所示，上面光伏发电、下面食用菌生产，两者的效益都可以最大化，同时光伏发电还可以用于玻璃温室的设备运行及食用菌日常生产的电能消耗。

4）在标准化食用菌种植工厂的顶部加装铺设太阳能光伏板组件，光伏＋食用菌植物工厂如图 4-28 所示，食用菌栽培主体建筑物屋顶铺设光伏板、屋内采用工厂化立体栽培食用菌，充分利用空间资源，同时屋顶光伏发电还可以为食用菌工厂设备运行、日常生产提供用电，多余的电量还可以并网以增加食用菌工厂的收益。

图 4-27　光伏＋食用菌玻璃温室

图 4-28　光伏＋食用菌植物工厂

（4）菌光互补典型案例。甘肃省华池县现代农业菌光互补产业示范园项目如图 4-29 所示，在 $0.267km^2$ 光伏板下露天种植黑木耳，年产量 740t，年均发电收益可达 810 万元左右。该项目同时辐射带动周边农户参与露地黑木耳种植，通过"公司品牌＋种植基地＋专业合作社＋终端产品"的经营模式，实现了以种植业、养殖业、菌业为循环主链条的"三元双向"农业。

浙江省金华市武义县首个菌光互补创新共富香菇工厂化生产示范基地，如图 4-30 所示，武义县壶山街道上端头村建成光伏发电站，年发电量达 2850 万 kWh，同时以光伏电站代替原有的遮阳网，为底部棚内食用菌的生长营造良好的环境。目前，年生产食用菌 1125t，带动周边村民 200 余人就业。

图 4-29　华池县现代农业菌光互补产业示范园项目

图 4-30　武义县菌光互补创新共富香菇工厂化生产示范基地

2021 年以来，古田县共实施 9 个光伏菇棚项目，打造 8 个光伏菇棚基地，总投资 3.7 亿元，建设香菇棚 280 间、银耳棚 143 间、猴头菇棚 27 间，并建设相关配套设施。光伏总装机容量 30.746MW，预计年发电量 3174 万 kWh，每年可减少碳排放量约 2.6 万 t，进一步释放了绿色经济发展潜能，图 4-31 为古田县众多菌光互补项目中的一个案例。

图 4-31　鹤塘镇南阳村菌光互补产业示范项目

浙江大族鼎禾科技菌光互补项目在深圳新宅镇菌光互补产业园落地，如图 4-32 所示。该项目一期占地面积 $0.332km^2$，总投资约 3 亿元，每 $666.67m^2$ 投资 60 万元，入园栽培食用菌的农户，预计每户可增收 10 万元以上。首期项目太阳能年发电量 3000 万 kWh，综合能源自给率达到 50% 以上，年度减排 CO_2 排放约 3 万 t，香菇年产值 2.4 亿元，带动高技术农业工人岗位 50 人。

图 4-32　深圳新宅镇菌光互补产业园

4.5.3　菌光互补的优点及未来发展趋势

传统的农业由于能源短缺已经无法适应现阶段的发展，随着新能源的投入不仅降低农业企业的生产成本，而且提高清洁能源的利用率。在新型电力能源开发过程中，光伏新能源发电技术实现得比较早，光伏发电技术发展较为成熟且配套的设备比较完备。我国属于太阳能资源拥有大国，年日照十分充足，很适合开展光伏发电技术，将传统的农业供电方式与光伏发电相结合实现新型微电网能源技术。

将光伏发电技术应用到珍稀食用菌栽培行业，使光伏发电技术和食用菌人工栽培技术有效结合，实现"顶部发电，下部种植"的新型栽培技术，通过这种技术建立了一种新型的低碳菌菇栽培产业模式[83]。

菌光互补农业的优点主要有两点：一是菌光互补农业的开展可实现农业产值的零污染，有效缓解了化石能源的消耗；二是提高珍稀食用菌科学技术水平，光伏珍稀食用菌栽培技术有力地推动珍稀食用菌菌菇企业可持续发展战略。

菌光互补模式与传统食用菌栽培模式相比，其优势主要体现在以下几个方面：

一是提高菌菇农业生产的整体效益，开展菌光互补种植技术不仅使食用菌产业实现了光伏技术与食用菌企业产能的组合叠加效应，而且保证食用菌产能的情况下，节约能源消耗，光伏能源整体收益提高。

二是食用菌栽培环境容易受到外界环境因素的影响，包含光照因素。开展菌光互补生产模式，将光伏组件采用顶部安装方式安装到栽培主体设施，这样可以通过太阳能光伏板将部分光透进栽培主体设施内，这不仅满足了食用菌生产所需要的光照并且避免了强光直射的影响，同时利用光伏供电系统将太阳能资源转化为电能，将电能储存到储能系统为食用菌栽培的用电负载进行供电。

三是开展光伏发电技术不仅可以提高太阳能资源利用，降低食用菌栽培电负荷的农村电网用电成本，而且余电可以为企业生活提供电力资源。

在"双碳"目标下，创造性开展"光伏＋"提升改造利用，推动"新能源＋生态种植"融合发展，实现现代农业与太阳能发电设施相互依存、共同发展的新产业模式是大势所趋、政策导向、产业发展所需。菌光互补因食用菌特殊的生理特性作为农光互补模式中重要产业结合形式之一，尤其是工厂化、规模化的菌光互补产业项目使光伏发电和农业产业深度融合，提高土地产出效益，做到"一地两用、一亩双收"，能够实现经济效益、社会效益和环境效益多方共赢，在未来 5~10 年内将出现飞跃式发展。

4.6   林光互补

4.6.1   发展概述

根据第七次全国森林资源清查数据，我国森林面积为 1.9 亿 hm^2，森林覆盖率达到 20.36%，森林蓄积为 137.21 亿 m^3，人工林面积为 0.62 亿 hm^2，蓄积为 19.61 亿 m^3。森林面积居俄罗斯、巴西、加拿大和美国之后，列第 5 位，人工林面积仍然保持世界首位。受自然地理条件、人为活动、经济发展和自然灾害等因素的影响，我国森林资源分布不均衡。东北的大、小兴安岭和长白山，西南的川西、云南大部、藏东南，东南、华南低山丘陵区，以及西北的秦岭、天山、阿尔泰山、祁连山、青海东南部等区域森林资源分布相对集中；而地域辽阔的西北地区、内蒙古中西部、西藏大部，以及人口稠密经济发达的华北、中原及长江、黄河下游地区，森林资源分布较少。第 4 次全国森林资源清查时，为了分区进行森林资源统计分析，将我国划分为 5 大林区，分别东北林区、内蒙古林区，西南高山林区，东南低山丘陵林区，西北高山林区和热带林区。其中，森林覆盖率以东北、内蒙古林区最高，西南高山林区最低。

林光互补是指将光伏电站建设与森林资源开发相结合，包括光伏板下繁育树苗，光伏电站周边及其道路两边种植防风林，或提升光伏支架高度，在光伏板下种植喜阴的植株高度矮小的经济林或果树的一种光伏开发模式。与其他农光互补技术类似，项目开发的关键是土地性质。关于如何利用林地开展光伏发电相关项目，国内有相关法律法规和地方性的法规陆续出台。

由于建设光伏大规模使用林地，按照正常使用林地手续办理，将会造成国家林地面积大规模减少，进而对国家生态安全、林地保有量造成巨大挑战。因此，中华人民共和国国家林业局在 2015 年出台了《国家林业局关于光伏电站建设使用林地有关问题的通知》（林资发〔2015〕153 号），对光伏占地可以使用的林地地类进行了具体规定，对于森林资源调查确定为宜林地而第二次全国土地调查确定为未利用地的土地，应采用林光互补用地模式，林光互补模式光伏电站要确保使用的宜林地不改变林地性质。有三点需要注意：一是只能采用林光互补模式；二是林地性质不能改变；三是占地性质为临时占地（电池组件阵列）。但对于具体如何操作，国家没有明确给予指导，只是让各地积极探索支持光伏电站建设与防沙治沙、宜林地造林等相结合。

根据《中华人民共和国森林法》《国务院关于促进光伏产业健康发展的若干意见》（国发〔2013〕24 号）、《国家林业局关于光伏电站建设使用林地有关问题的通知》（林资发〔2015〕153 号）有关规定，目前，山西、河北、内蒙古、新疆多地都出台了相应的光伏电站建设使用林地的管理办法和法规，但总体态势是对项目的规模、项目方案及环保评估方面有诸多限制和要求，总体原则就是在坚持科学规划、全面保护、合理利用的前提下，在坚持谁开发谁保护、谁租用谁补偿、谁破坏谁恢复的生态保护制度原则基础上，严格实行生态保护制度。

在实施林光互补的过程中，一是规范了林业苗木规格和栽培方法，结合光伏项目区域自然条件的特殊性，按照"林光互补一体化"的建设模式，要求绿化企业科学选调、栽植苗木，严格执行国家标准《造林技术规程》（GB/T 15776—2023）；二是建立完善规范的监督管理机制，要落实"林光互补一体化"的光伏发电模式，就是要在发电的同时保证生态效益、保护绿水青山，林业主管部门坚持定期检查和调研，发现问题后及时修正，将规范化、制度化贯穿于每一个环节；三是执行严格的保护和质量提升方案，光伏企业租用林地期间，按照在林业行政主管部门备案的《光伏项目租用林地保护和质量提升方案》，自行出资对租用的林地进行管护和质量提升，并且在租用期间不得改变林地性质，不得改变林地用途。对于灌木林地，应做到基本不影响灌木生长（对少数生长过快、过高的灌木可适度进行修剪），对于宜林地、无立木林地，在施工完成后，要在光伏列阵之间种植适宜当地气候条件的灌木林，并达到规定密度。光伏企业租赁期间负责对林地林木进行管护，并接受当地林业主管部门的监管，认真做好绿化美化工作，确保林地质量有效提升。租赁合同到期后，光伏企业要将林地交还给原林权所有者。

4.6.2　林光互补的模式

林光互补项目开发模式按照土地类型可以分为林区林光互补、山区林光互补、沙戈荒地区林光互补等三种区域类型的项目。

（1）林区林光互补项目。目前，大多数的林光互补是在种植密度比较低的林间，或大型林场的道路或林木堆放场地上空，铺设光伏组件阵列，光伏板支架的类型根据当地的地理条件、风速及气候条件，光伏支架采用不同倾角固定式、平单轴追踪式、斜单轴追踪式及双轴追踪式光伏支架，也可采用大跨距的柔性支架，林间固定支架光伏项目如图 4-33 所示、林间单轴追踪式支架光伏项目如图 4-34 所示。

图 4-33　林间固定支架光伏项目

图 4-34　林间单轴追踪式支架光伏项目

（2）山地林光互补项目。山地光伏电站可利用山地、荒坡等未开发的土地资源进行大规模建设，但其场地地形复杂、设计难度大、施工难度更大，已建成的山地光伏电站的发电效率普遍偏低。山地光伏电站设计、施工具有如下特点：

1）山地光伏电站大部分场址远离交通主干道，需在了解地形、地貌的基础上修建进场道路及进行施工部署，较常规光伏电站的设计及施工难。

2）光伏支架结构设计及预留强度较其应用于平地时高，主要是由于山地地表往往有植被覆盖，地形容易形成不同于平地的山风，若按照平地光伏支架强度设计，建成后的光伏支架会存在一定的安全风险，易增加支架损坏率。

3）因场地高低起伏，施工难度大，遇雨季时，需注意山洪、山体滑坡、坍塌等自然灾害。

4）因场地地形复杂多变，造成光伏支架及其基础的设计强度提高，施工中对设备及施工方法的要求提高。

由于山地光伏电站的场地地形复杂多变，当采用固定式光伏支架时，支架很难通过调整基础的高度来实现高差，以保证光伏组件的安装倾角，但可通过采用固定式可调光伏支架方案来解决此问题，即光伏支架的主、次梁和其余构件都可根据支架设计图纸在工厂预制，只需根据桩基的离地高度，现场调整光伏支架立柱的长度，使支架适应山地地形的高低变化。此种固定式可调光伏支架能够提高支架的适应性和安装的可操作性，保证支架的安装精度，且能加快工程施工速度。

山区林地开展光伏电站项目，首先项目需要获得当地的环评及土地用地批复。另外，根据山地的坡度、高差、土质及地质条件等地理状况，选择最优的支架类型开展项目建设。山地可选的支架类型一般为固定式单轴支架，或采用大跨距的柔性支架，山区固定支架林光互补项目如图 4-35 所示、山区林光互补柔性支架项目如图 4-36 所示。常规单立柱固定支架其施工对地表挠动大，不利于水土保持，并且在沟壑处难以安装光伏支架，导致土地综合利用效率较低。因此，针对山地起伏不平和水土保持要求高的特点，使用光伏柔性支架不但可以提高土地利用效率、减小对地表扰动，而且柔性支架本身具有大跨距和减少支架数量的优势，非常适合在山区林光互补项目中推广使用。

图 4-35　山区固定支架林光互补项目

（3）沙戈荒地区林光互补。作为我国能源基地的西部和北部地区，尤其是广袤的戈壁沙漠，总面积为 130 万 km² ，占全国土地总面积的 13%[84] ，不仅风电、光伏资源丰富，不存在土地和生态红线的问题，且还可通过项目实施达到生态环境优化的目的，因此在戈壁沙漠区域发展大型新能源基地是主要发展方向[85,86] 。

我国沙漠地区集中地分布在北纬 35°50′～49°43′ ，东经 76°59′～123°50′ 的辽阔地区，

图 4-36　山区林光互补柔性支架项目

在行政区域上主要涉及新疆、内蒙古、甘肃、青海、宁夏、陕西等 10 个省（自治区）。新疆、青海、甘肃、宁夏及内蒙古区域戈壁沙漠区域风光资源处于丰富区，青海、甘肃、宁夏及内蒙古大部分区域光伏首年利用小时数可达 1500h 以上，如青海的海西州利用小时数达 2000h 时以上，新疆双河市、哈密市利用小时数达 1900h 以上。从风光资源禀赋看，新疆、青海、甘肃、宁夏及内蒙古的戈壁沙漠区域适合大规模建设发展风光基地项目。

新疆根据我国第五次荒漠化和沙化检测数据显示，我国沙化土地面积已经由 1999 年的 174.31 万 km²，减少至 172.12 万 km²，年均减少 1566km²。沙漠的复合生态治理被称为"沙产业"，即通过利用沙漠中光热条件优势，运用科学的手段，达到三大产业互相融合的现代化产业模式。"沙产业"包括利用沙地生长的植物和动物从事农业和牧业项目，以及利用当地的自然资源进行发电和旅游等沙漠产业项目[87]。发展"沙产业"的过程中，企业围绕沙漠生态进行耐旱经济作物的研发建设、运用丰富沙源进行工业发展，发展沙漠旅游业。在已经形成规模的"沙产业"中，可以看到沙产业的发展是多样的，带来的经济效果十分显著。

目前，国内大型能源集团企业和地方能源企业已经开始在毛乌素沙地（年降水量 250～440mm）、库布齐沙漠（年降水量 400mm）、腾格里沙漠（年降水量 116～148mm）、巴丹吉林沙漠（年降水量 50～60mm）、库姆塔格沙漠、乌兰布和沙漠（年降水量 33.3～150.3mm）、柴达木盆地荒漠（30～170mm）、酒泉地区戈壁、哈密地区戈壁（50mm）等沙戈荒地区开发大型风电光伏新能源基地。

针对不同气候条件和降水量，在开发风光电站和开展生态修复应注意下面几个方面的问题：

（1）因地制宜设立目标，根据不同地区的降雨量，设置不同的生态预期效果，表 4-1 为不同降水量沙戈荒地区现有植被种类。在降水量 200～400mm 地区，生态修复目标是恢复疏林草地和连续覆盖的草地植被；在 100～200mm 左右地区修复目标是不连续的稀疏草地植被；在 100mm 以下的极端干旱区修复目标是 10% 的稀疏矮小灌木、散生植被和低洼集水地段生长的集聚植被。

表 4-1　　　　　　　　　　　不同降水量沙戈荒地区现有植被种类

不同降雨区域划分	发现的植被种类
400mm 区域（神木市、准格尔旗、康巴什区）	矮化文冠果、地椒、泽蒙花、萱草、洋姜、沙打旺、限制较少
200～400mm 区域（恩格贝镇、古浪县、吴忠市、乌鲁木齐市、乌兰特中旗、中卫市、德令哈市、银川市）	苜蓿、蜀葵、狗娃花、芨芨草、沙蒿、柠条锦鸡儿、砂蓝刺头、蒙古针茅、花棒、猪毛菜、沙米、沙盖、天蓝韭、鸦葱、苦豆子、冰草
100～200mm（五家渠市、乌海市、金昌市、瓜州县、巴里坤县、吉木萨尔县、民勤县、肃州区）	沙枣、沙芥、蓝刺头、柠条、梭梭、肉苁蓉、少量沙拐枣、红砂、盐角草、蒿类、黄花补血草
100mm 以下区域（大柴旦、玉门市、库尔勒市、尉犁县、哈密市、伊州区、敦煌市、酒泉市、茫崖市、若羌县、托克逊县）	沙葱、红砂、白刺、膜果麻黄、花棒、猪毛菜、盐黄芪属、梭梭、蒲公英、碱蓬、沙蒿

（2）吃透生态保护政策，做好顶层规划，科学有序地建设风光电站优化选址布局、体现用途管制，服从国土空间规划和当地生态保护规划，利用沙漠、戈壁、盐碱地等未利用地及有条件地利用荒漠草地、废弃矿山、荒地荒滩等建设风光电站。

（3）因地制宜采用多种灌溉及光伏板清洗方式。采用倒挂式或以色列地插式浇灌方式；组合电磁刷、物理清洗等光伏板清洁清洗技术；加强水资源管理，建立节水集雨系统，同时研发循环用水机制；设置必要的挡墙及排水沟，便于强降水时，雨水的汇流与排放。

（4）摸清场区生态本底，建立近自然修复技术和优化模式。建立种子库，收集乡土草种、灌木种种子，按比例混合撒播；选择耐旱性较强的品种，降低水资源浪费，在自然条件相对较好的区域，尽可能运用自然降水进行植被恢复。

（5）在典型区设立实验站、试验田等长期定位试验示范基地。进行高效节水绿洲技术模式试验，探讨各种模式下的实证方案，综合考虑植物、气候、土壤等多种因素进行实证探讨。

（6）减少对地表的扰动，控制光伏板高度为植物生长恢复提供生态位和生长空间。沙漠地区面临沙子飞扬问题，盐碱地地区的光伏电站重要的生态问题最主要的也是起尘问题，最关键的还是运维期车辆如何减少扰动。

（7）实施生物防治加工程措施进行辅助，展开综合治理。建立不同种类的沙障或铺放砾石等措施，稳定沙面，以便在沙丘及风蚀地上建立人工植被或是进行天然植被的恢复。

（8）在荒漠区风光电站慎重开展土地立体化利用技术和模式。在荒漠区风光电站，建议不部署土地立体化利用技术和模式，而以恢复原生植被和生态系统为首要任务。

4.6.3　林光互补的优点及未来发展趋势

林光互补的复合生态治理模式进入沙漠后，传统的沙漠生态系统发生了巨大的改变。光伏发电的建设和植物的种植使得非生物环境和生物环境受到了积极影响。在这样的影响下，出现了生态环境向好、动植物种类逐渐丰富、区域小气候改善、风沙天数减小等一系列良性生态效果。

（1）光伏发电设备在沙漠的建立为非生物环境添加了新的要素。西北沙戈荒地区具有丰富的太阳能资源，光伏发电设备吸收了太阳辐射，将光能转化为电能。

（2）光伏板既阻挡了太阳辐射和大气长波辐射直接到达地表，又减少了地表向大气的长波辐射，增强了地表大气稳定度，使基地内土壤温度变动幅度小于光伏发电基地外土壤温度变动幅度[88]。

（3）光伏板下方种植的经济作物增加了土壤粗糙度，改变了风的气流通道，从而降低光伏发电板下方土壤的风速[89]。风速降缓使沙丘的移动规模减小，土壤的蒸散量也会随风速降缓而降低，有利于减少土壤水分流失[90]。

（4）降水是沙漠地区水分获取的主要途径，光伏板阻挡了太阳向地面的长波辐射，改变了地表温度，减少了反射率，增强降水概率。单次降水结束后，植物根系繁茂使光伏板下方土壤的汇水作用增强，土壤水分蒸发量低于光伏板外土壤蒸发量，减少了地表水的蒸发与流失，促进地表水与地下水的循环。

由于森林碳汇作为唯一一项植物实现 CO_2 吸收和固定的方法学，在大规模植树造林和沙戈荒地区的林业开发的基础上，结合光伏电站建设，就可以实现森林固碳和光伏减碳的碳双减效应，对于应对全球变暖和气候变化将会起到越来越重要的作用。

4.7　茶光互补

4.7.1　模式概述

茶光互补是一种在同一土地上同时进行光伏发电和茶叶生产的农业能源复合生产系统。光伏茶叶设施在高效利用太阳能资源、产出清洁绿色能源的同时，开启了现代生态茶叶的一种新型发展模式。

目前，大多数的农光互补项目在实施过程中由于光伏板的铺设在获得发电收益的同时会改变作物的生长环境，在已有的大多数案例中，作物的遮阴都会导致农业经济效益降低。但茶树是一种耐阴作物，遮阴是茶叶生产中的常见技术措施，上面发电、下面种茶，可实现茶园生产和光伏发电的双赢发展。

4.7.2　项目实施过程

实施茶光互补项目的过程如下：

（1）现场勘测和准备：①对茶叶园内的地形、地貌、土质、周边环境等进行全面勘测，确定最佳的光伏电池板布局方案；②对茶叶园内的茶树进行全面检测，确定茶树的品种、分布情况、生长状况，以及茶树的生长周期和采摘期；③根据勘测结果制订茶光互补项目施工方案，并进行相关准备工作，包括安全措施、材料采购、设备搭建等。

（2）光伏电池板布局：①根据茶叶园的地形、地貌等因素，确定最佳的光伏电池板布局方案，确保电池板光照充足，并不会对茶叶园的生长产生负面影响；②电池板的布局应考虑茶树的生长和采摘期，避免在采摘期对茶树的生长造成影响；③布局时，应考虑光伏电池板的防盗措施，保证设备的安全。

（3）光伏发电系统搭建：①搭建光伏发电系统时，应考虑设备的耐用性和可靠性，确保设备能在茶叶园内长期稳定运行；②在搭建光伏发电系统时，应注意设备的防水、防雷等问题，确保设备的安全可靠；③在搭建过程中，应确保施工人员的安全，采取相应的安全措施和防护措施。

（4）项目运营和管理：①对光伏发电系统进行日常维护和管理，确保设备的正常运行和发电效率；②根据茶叶园的需要，调整光伏发电系统的发电量，以确保茶叶园内的电力供应；③定期进行安全检查和维护，确保设备的安全可靠。

4.7.3　项目案例及意义

目前，茶光互补项目处于快速发展中，已建成或在规划中的项目众多。

（1）中国华能集团有限公司贵州分公司联合贵州大学茶学院和隆基绿能科技股份有限公司于 2020 年在贵州省都匀市匀东镇坝固村建设起了茶光互补项目试点，如图 4-37 所示，光伏发电规模为 500kW，探索光伏科技在传统茶园中的应用价值。该项目中，光伏部分采用固定支架竖排板式布置，根据实验要求，架设高度分为 1.6m、1.8m 和 2m，架设角度为 16°、18°和 20°，通过各种排列组合，为板下茶树创造符合实验条件的生长环境。

图 4-37　贵州省都匀市茶光互补项目

中国华能集团有限公司贵州分公司与隆基绿能科技股份有限公司在项目建设前做了充足的调研，了解到贵州茶园面积为约 4666.67km²，而其中具备建设光伏项目的茶园面积高达 1000km²，可以有效解决掣肘贵州光伏发展的土地问题。本项目占地面积为 4000m²，装机容量为 500kW，包括 27 个发电单元，每年能提供绿色清洁电力 50 万 kWh，每年可以减少碳排放 50t。加上茶树本身固碳能力，整个项目每年减碳固碳 100t 左右。数据表明，光伏板搭建使得茶叶鲜重量显著增加，最高增加达 56%；水浸出物含量增加的同时，茶叶中咖啡碱的含量有效降低；相对于春茶，光伏板对夏秋茶产量及品质影响更大。而且茶园遮阴后土壤有效态氮、磷、钾的含量明显增加，空气湿度和土壤水分含量都高于对照组。

（2）国网江苏省电力有限公司溧阳市供电分公司联合中国电力科学研究院有限公司、东南大学针对茶场负荷不均匀特性开展现场实地调研，于 2022 年建设江苏省首个"茶光互补"源荷储光协同自治台区，如图 4-38 所示。该项目预计每年可发电约 1 万 kWh，用于茶企日常生产用电，配合移动式标准储能舱，还能在电网故障等应急状态下维持供电。

该项目将台区自动控制系统、可调节电力电子变压器、标准化移动储能舱、台区间互联互济、茶光互补系统的技术成果应用到茶场用电情况较为典型的戴埠镇金山里变台区上。茶场所在地区用电负荷不均匀的特征明显，增容虽能解决茶企用电高峰时的负荷需求，但当茶企结束生产后就基本处于轻载或空载状态。该"茶光互补"项目建成后，光伏板被建设在翠绿的茶田中，既可减少茶树的暴晒和冻伤，又可自发电能产生经济效益，这是积极践行国家"双碳"目标、落实节能减排政策的有益探索。

图 4-38　江苏省溧阳市茶光互补项目

（3）余杭供电公司于在径山禅茶种植基地上增设光伏板，以此实现茶园生产和光伏发电的双赢发展模式。该光伏电站由 180 块光伏板及相关组件构成，总装机容量为 100kW，于 2022 年并网运行。

浙江省余杭市茶光互补项目如图 4-39 所示，该发电站采用光伏板间隙种植茶树方式，不仅提高了土地利用率，还呈现了茶树与发电设备共存的现代化景观。茶园安装光伏板以后，每年每亩产值可以增加 2 倍以上。

图 4-39 浙江省余杭市茶光互补项目

4.8 蚕光互补

桑蚕养殖产业主要设备为蚕室（蚕房），专指养蚕的房间，即用于养蚕的建筑物。中国建造、使用的蚕室，依其构造和使用性质可分成专用蚕室、兼用蚕室、简易蚕室三类。蚕种场多专用蚕室，蚕区农村多兼用蚕室和简易蚕室。由于养蚕时间短、所需建筑面积大，为减少投资，多数蚕区、蚕户采取小蚕共育、大蚕分养的方式，即建造设备条件较好的小蚕专用蚕室集中起来饲养小蚕，至大蚕分到各户，利用住宅临时辟出几间空房饲养。蚕室特别是专用蚕室，要求具备保温，防热性能，便于补湿排湿、通风透光、彻底消毒、蚕匾蚕架排列与饲养操作。标准蚕室要求开间不少于 4.5m，净高不少于 3.5m，进深 9m，上顶应有灰幔，地面为地板或水泥地，南北窗各有 $4m^2$ 左右的面积。整幢建筑还要设置宽为 $1.5\sim2m$ 的南北或中央走廊。专用蚕室根据建筑结构又可分为平房蚕室、二层楼房蚕室与三层楼房蚕室。其中，三层楼房蚕室底层为半地下贮桑室，二层为饲育室，三层为上蔟室。蚕室顶部面积较大，且有遮光、控温的需求，因此可在蚕室（蚕房）顶部铺设光伏板，形成蚕光互补的生产模式，既保障了蚕房的用电需求，也扩展了清洁能源发电的空间。

蚕光互补是一种在同一土地上同时进行光伏发电和桑蚕养殖的农业能源复合生产系统。光伏及桑蚕养殖设施在高效利用太阳能资源、产出清洁绿色能源的同时，开启了现代生态桑蚕养殖的一种新型生产模式。蚕光互补，多产组合，助推乡村振兴。在蚕房的屋顶上建设光伏发电板，蚕光互补模式不仅能在炎夏降低蚕房室内的养殖温度，增强了蚕房屋顶质量，也能促进节能降碳，是农业＋能源的"组合拳"。

海南琼中市蚕光互补项目是目前国内唯一建成的蚕光互补项目，如图 4-40 所示。烟园村蚕房共铺设光伏板 $4000m^2$，总投资近 200 万元，项目投产后，年发电量可达 63.91 万 kWh，将给长征镇每年带来近 20 万元的产业收益。

图 4-40　海南省琼中市蚕光互补项目

改造后的蚕房顶棚通过彩钢瓦、光伏板两层隔离，抵挡住阳光暴晒，比普通蚕房更加阴凉。该项目实现了桑蚕养殖和光伏发电产业合并发展，使蚕房的综合利用价值得以开发，实现一地多产，助力贫困村、贫困户培育绿色能源。

4.9　渔光互补

4.9.1　概念及意义

渔光互补是指在与渔业相关的水库、小型湖泊、滩涂湿地等水域环境上建设光伏电站，光伏面板下方的水域可用于鱼类和虾类繁殖，形成"水上发电，水下养鱼"模式。2022 年 6 月，国家发展改革委、国家能源局等 9 部门联合印发《"十四五"可再生能源发展规划》，明确提出要大力推动光伏发电多场景融合开发，积极推进"光伏＋"综合利用，鼓励农（牧）光互补、渔光互补等复合开发模式。浙江、安徽、山东、福建、江苏等多个省份在已公布的"十四五"能源发展规划中均明确提出，积极推动渔光互补项目建设。2020 年，中国池塘养殖面积为 3036888hm^2，若 50％的面积铺设光伏板，则光伏总装机容量可以达到 15 亿 kW，因此渔光互补的"光伏＋"模式优势凸显，发展潜力巨大。

渔光互补模式不仅确保了光伏发电，还实现了水耕农业的功能，为我国探索新能源和可持续发展战略拓展了一条全新路径。该模式具备三个主要优势：首先，能够最大限度地利用空间，节约土地资源；其次，通过光伏电站调节养殖环境，提高鱼塘产量，实现增产增收；最后，优化地区能源结构，改善生态环境，实现水产养殖与光伏产业的双赢。渔光互补的核心在于生态农业的发展，以水产养殖业为主体，同时搭配光伏发电系统，达到生态能源和社会多重效益。通过运用新技术，这种模式不仅推动科技进步，还起到保护自然生态环境的作用。因此，开拓渔光互补产业模式对于促进绿色能源及现代渔业健康发展具有十分重要的意义。

渔光互补开始出现时，考虑光伏发电收益远远大于渔业养殖的价值，因而一般的光伏投资企业将中心放在了光伏上，出现了"重光轻渔"的问题。新型渔光互补模式中，需重视发展现代化渔业养殖技术，引进高科技养殖设施，有望与光伏发电结合实现 $1+1>2$ 的互补增益效果，更符合绿色可持续发展的要求。

4.9.2　现代化渔业养殖模式介绍

（1）现代化池塘精养模式。由于对生态环境保护的不断强化，海洋和湖泊等养殖方式受到了限制，使得池塘养殖承担起重要使命。为了实现大规模增产和优质产出的目标，池塘养殖正逐步迈向高密度、集约化和规模化发展。池塘精养模式[96] 是一种通过对池塘进行有计划的人工干预，以调控养殖动物生长环境，以期望实现特定产出目标的生产方式。作为中国最早采用的养殖模式之一，池塘精养模式经历了多次创新和发展，使我国水产品总产量在 1989 年达到世界领先地位[97]。该模式以其养殖周期短、产量大、养殖门槛低等优势成为中国最主要的水产养殖方式，池塘精养模式示意图如图 4-41 所示。

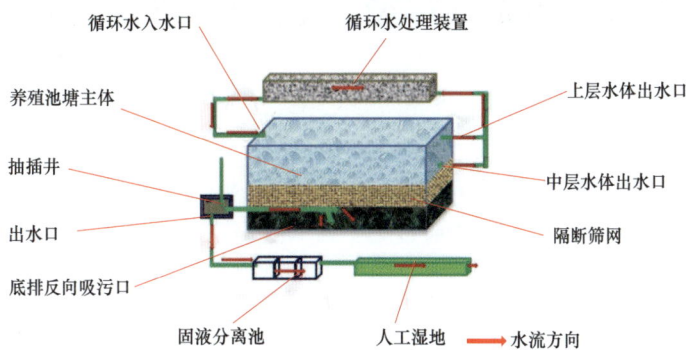

图 4-41　池塘精养模式示意图[99]

传统池塘养殖在高生物负载和大量投入的养殖模式下，技术和产品的相对滞后导致了一系列问题，包括水体富营养化、鱼病高发及养殖品种衰退等现象。池塘精养殖模式遵循"水、种、饵、密、混、轮、防、管"八字为养殖原则[98]，采取多种技术措施，包括多品种混养、精选高质饵料、水质生态净化等，以维持养殖水体的生态平衡，提高水域空间、生物能、太阳能的利用率，以及饲料的转化率，从而实现水产养殖业的可持续发展。目前，池塘精养殖模式正在以"推动水产绿色健康养殖"为总体部署，积极推动水产原良种的普及，加强源头检疫，提升设施和智能化装备工程，培养渔民素质，逐步实施新型饲料开发和投入，以及推动绿色高效养殖和尾水治理工程。

（2）现代化流水槽循环水养殖模式。流水槽养殖技术是在传统池塘基础上融合工业化循环水养殖理念，创新性地将传统的池塘"散养"模式改造成新型的生态循环流水"圈养"模式[100] 流水槽循环水养殖模式示意图如图 4-42 所示。该系统的工艺流程要求运用空气压缩设备提供高压空气,利用气提水技术推动流水槽的水流,并为流水养殖槽系统提供氧气。系统运行时,养殖产生的粪便和残饵通过集污系统被收集到多级沉淀池。多级沉淀池进一步进行固液分离,上清液通过植物吸收区,植物的根系过滤吸收净化营养物质,然后流入系统净化区。多级沉淀池中的有机固体污物经过发酵后,可供农田耕作使用。流出流水养殖槽的大量养殖用水在净化区通过挺水植物、水体中的浮游生物和低密度放养的滤食性鱼类进行水质净化,并实现循环利用。"养鱼,先养水",保持水质的净化及溶氧量是提高养殖产量的关键因素。

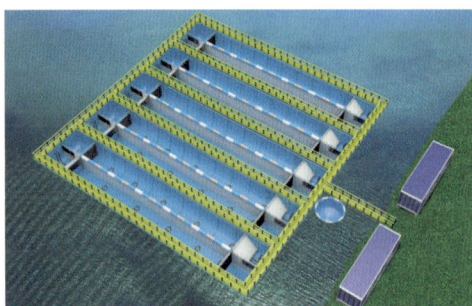

(a) 流水槽循环水系统原理示意　　　　　　(b) 流水槽循环水养殖系统实际效果

图 4-42　流水槽循环水养殖模式示意图[102]

流水槽养殖模式相较于传统池塘养殖,工程化的残饵粪便收集系统大幅减轻了养殖废水对环境的压力。这种"圈养"模式通过集中投饵提高饵料利用率,同时便于观察鱼群状态,实现低病害、高存活率;而增氧流水设备则实现了高产优产、节水节能,符合产业转型发展的方向,呈现低碳、高效、绿色养殖的显著效果。我国养殖户积极引进和融合国外低碳、高效的渔业生产理念,结合我国养殖实际情况对流水槽养殖技术进行改进,以寻找适应我国水产养殖现状的池塘养殖模式。然而,随着发展的推进,问题和不足逐渐显现。从业者对养殖品种的认知不足可能导致选择的偏差,硬件升级增加了投资的份额,提高养殖效益和增加收益相对困难。目前,国内学者已对草鱼、团头鲂、黄额鱼、罗非鱼、大口黑鲈等鱼类进行了流水槽养殖试验并取得了良好的效果[101]。大口黑鲈在流水槽养殖下的数量通常是同规模传统池塘的两倍甚至更多,且养殖存活率高、病害风险低。这种养殖模式的改变不仅带来了单位面积更高的产量,还带来了更长期的生态效益。

(3)现代化高位池养殖模式。1994 年,我国广东省首次成功试验了高位池养殖模式[103]。该模式将传统养殖系统创新地分为进水系统、排水系统、增氧系统、养殖池四个部分。通过实行底部排污系统、定时定量净化水质、配置液氧增氧设备以保证溶氧量,将鱼塘建设为固定式圆池,作为集约化养殖区域。通过配置增氧设备及合理设计的进排水管路,有效促进了养殖水体与外界的交换,实现了粪便残渣的集中收集和移除。养殖水体采用生态净化和水培蔬菜净化处理方式,并通过循环利用,构成一种高效、环保的集约化养殖模式。

　　高位池养殖技术首先在华南沿海养殖区以对虾为主产业得以发展，如今在众多养殖基地中，高位池养殖已经成为经济鱼类经营的探索方向，现代化高位池养殖模式示意图如图 4-43 所示。该模式的显著特点在于高产高效，通过确保水质优良和高溶氧水平，显著提高了密度养殖的可行性。小面积规模化有效地降低了管理成本，而在放养前的清洗消毒过程也显著减少了病害率。然而，高密度养殖不可避免地增加了投饵和排泄量，未及时清理可能导致养殖群体患病并增加死亡率。同时，现代化机械设施的高成本导致实际生产效益微弱，而水资源需求量大也是该养殖模式面临的问题之一。为了延长高位池养殖的可持续发展道路，各种创新型高位池模式正在不断探索。例如，结合工厂化循环水养殖理念的高位池循环水养殖新模式[104]，以及王淑生[105] 等提出的"135"二茬分级接续养殖模式，蒋芳[106] 等提出的"稻田高位池"稻渔综合种养内循环生态养殖新模式等，都是为实现"一水多用地多收、稳粮增效、稻渔双赢"而进行的创新尝试。

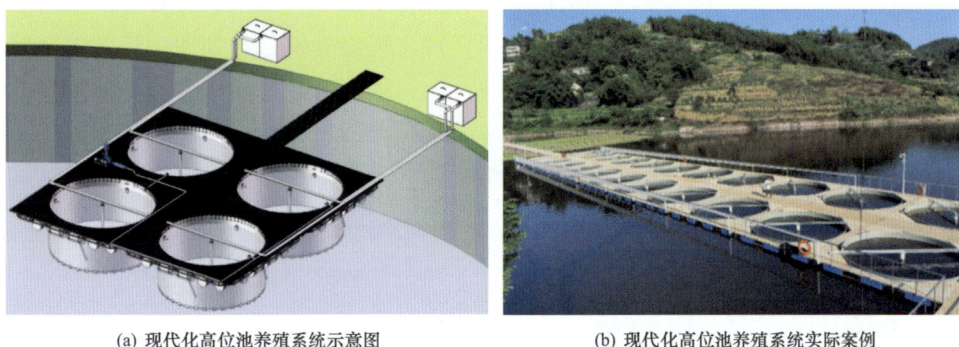

(a) 现代化高位池养殖系统示意图　　　　(b) 现代化高位池养殖系统实际案例

图 4-43　现代化高位池养殖模式示意图

　　（4）集装箱式养殖模式。集装箱养殖模式是一种新兴的养殖方式，利用标准化、模块化和工业化的集装箱进行循环水养殖。该模式以定制的标准集装箱为基础，配备了物理过滤、生物净化、消毒、增氧、水质监测、粪便发酵、吸污、鱼菜共生和智能监控等系统。集装箱被安装在池塘岸边，安装数量根据池塘大小而定，集装箱的体积通常为 $30\sim50m^3$，而养殖水体一般为 $25\sim40m^3$。池塘主要用于调理养殖水体，与集装箱形成循环系统。处理后的水体被抽回集装箱进行流水养鱼，而集装箱内的残饵和粪便则通过收集和发酵，用于鱼菜共生，实现尾水零排放。在养殖过程中，鱼被集中在集装箱内，通过高新技术整合水质测控、粪便收集、水体净化、增氧、鱼菜共生和智能渔业等功能模块，实现受控的集约化和智能化养殖。与传统的池塘养殖模式相比，该模式具有高产量、小环境污染、可控的病害、抗自然灾害及集约化和工业化等优势。

　　（5）渔业养殖中的现代化设施。随着科技的飞速发展，先进的电力设备与装置广泛应用于渔业生产的各个环节，涵盖了鱼塘的开挖清理、水体监测、增氧、净化、施肥、饲料采集、加工与投放、水产养殖、捕捞、收获、加工、保鲜及贮运、疫病防治、渔具加工等多个过程。在工业化养殖模式的推动下，对光环境的需求变得更加精细化。人工补光技术因此应运而生，为了促进鱼类在不同的生长阶段的发育，科学设置合理的光环境变得至关重要。选择适宜的人工光源（如 LED 灯、氙灯、汞灯等），并根据不同鱼类物种和生长阶段精准设置光谱、光强和光周期，将成为未来水产养殖研究的关键焦点，以提高生产效率和水产养殖的经济效益。

在现今土地资源日益紧张、养殖面积不断缩减的情况下，人工增氧技术成为行业内的热门话题。水体中的氧溶解量一直是影响水产品产量的关键因素，因此"增氧才能增产"的理念深受推崇。为提升水产品产量，采用先进设备提高氧溶解量成为必然选择。溶氧提升的手段主要是通过使水体产生动力，即曝气增氧技术。这通常包括两种方式：一是空气曝气，以罗茨风机、气石、气盘等技术为代表；二是纯氧曝气，以氧气锥技术为典型代表。虽然空气曝气成本较低，但对水中氧溶解量的提升有限；而纯氧曝气则能显著提升氧溶解量，但由于需要使用液氧罐或制氧机等设备，成本相对较高。

水体杀菌及净化技术方面，运用工业化生产理念集成养殖、水处理、环境控制等技术已经成为一种趋势。这一工厂化、集约化的水产养殖模式通常由厂房设施、源水预处理养殖单元、水处理系统（包括物理过滤技术、生物过滤技术、消毒杀菌技术）、外排水系统及辅助系统（涵盖控温技术、pH 控制技术、自动投饵技术、水质监测技术、报警装置等）等单元构成。

4.9.3 案例介绍

（1）天府农博园通威渔光示范园。通威渔光示范园（见图 4-44）占地总面积为 14000m²，满产后将能实现年发电量 51 万 kWh、年出鱼 350t。采用光伏发电＋池塘养鱼的发展模式，打造通威渔光一体展示示范基地，配套有渔光一体展示中心，对通威双碳、智慧渔业、大数据科普教育进行全方位的展示。项目的渔业部分主要依托光伏＋塘内循环养殖（流水槽、漂浮池）＋陆基循环水养殖系统，通过渔光流水槽、渔光圈养池、新型陆基循环水养殖系统、养殖系统循环利用等，实现全年 365 天出鱼，尾水循环利用，零排放、全绿色。一个流水槽体积为 80m³，根据鱼的耐受性，可养 2～2.5t 鱼。高密度养殖离不开持续运转的制氧机。项目配备专门的制氧机，造出的纯氧和压缩空气经过合理配比，输送至流水槽内，确保鱼儿有充足的氧气。圈养池（见图 4-45）工业化养殖模式中，投喂鱼食时只需在手机上设定好量即可利用饲料风送系统把饲料送到各个鱼池，精准投喂不浪费。每个养殖槽底部配置有吸水泵，能把沉积在水底的鱼儿排泄物抽出来，经过重重过滤后回流至养鱼池内，保证水质的同时，减少鱼儿跟污物接触，避免病菌感染风险。鱼池底部的高密度聚乙烯（high density polyethylene，HDPE）膜隔绝了泥土，确保成鱼没有泥腥味。此外，696kW 柔性光伏电站采用通威专利大跨度高净空柔性支架技术，叠瓦单晶双面双玻 645W 高效组件，最高光电转换效率可达 21.1%，满产后将能实现年发电量 51 万 kWh，不光能满足项目用电，还能为附近的创新林盘·青苗、稻田餐厅提供用电服务。

图 4-44　通威渔光示范园俯视图

（2）华能如东 20 万 kW 渔光互补发电项目（见图 4-46）。该项目位于南通市如东县刘埠闸西侧新围垦区，占地面积 2.03km²，采用"光伏＋渔业养殖"模式建设，实现了鱼塘土地资源的高效利用和生态开发，打造了华能江苏清洁能源发展的"新样本"。该项目建成后，年均发电量可达 2.3 亿 kWh，每年可减少标煤消耗超 7 万 t，减排 CO_2 约为 15.16 万 t，对进一步优化当地能源结构，打造多层次绿色能源产业格局具有积极作用，为如东经济社会可持续高质量发展注入强劲绿色动能。

图 4-45　圈养池

图 4-46　华能如东 20 万 kW 渔光互补发电项目

5

光伏+农业设施的典型模式

新能源＋新农业，分别代表着绿色转型发展之未来、国计民生之根基。光伏使最传统的农业焕发出了新的生命力，在当前光伏行业快速发展的浪潮下，光伏＋农业设施扮演着重要的角色，具有广阔的发展前景。光伏＋农业设施的模式可以实现一地多用，提高单位土地产出率，在农业经营设施的基础上科学设计、合理嫁接光伏的经营模式，利用光伏发电与设施农业相结合的模式，既可以贡献大量的清洁能源，又可以助力农业高效产出。

目前，国内外光伏＋农业设施的典型模式主要有光伏＋温室大棚、光伏＋玻璃温室、光伏＋植物工厂这三种。

5.1　光伏+温室大棚

5.1.1　温室大棚

1. 温室大棚简述

温室大棚，又称暖房。能透光、保温（或加温），是用来栽培植物的设施。在不适宜植物生长的季节，它能提供温室生育期和增加产量，多用于低温季节喜温蔬菜、花卉、林木等植物的栽培或育苗等。随着科技与行业技术的发展，温室大棚可实现智能无人自动操作，自动控制温室环境，保证经济作物的生长。温室大棚是通过计算机采集数据进行准确的显示、统计、自动控制为一体的现代化种植设施。

2. 温室大棚的类型

（1）塑料大棚。塑料大棚又称薄膜大棚、冷棚，如图 5-1 所示，能充分利用太阳光，具有一定的保温作用，并通过卷膜在一定范围内调节棚内的温度和湿度。

塑料大棚在北方地区主要是起到春提早、秋延后的保温栽培作用，春季可提早 30～50 天，秋季能延后 20～25 天，不能进行越冬栽培；在南方地区除了冬春季节用于蔬菜、花卉的保温和越冬栽培外，还可更换成遮阳棚，用于夏秋季节的遮阴降温和防雨、防风、防雹等设施栽培。

塑料大棚按照不同的分类方式有不同的类型：①按照建造材料及结构，有竹木结构（其优点是取材方便，造价较低，建造容易；缺点是棚内柱子多、遮光率高、作业不方便、寿命短、抗风雪荷载性能差）、焊接钢结构（这种结构的大棚，骨架坚固，无中柱，棚内空间大，透光性好，作业方便，是比较好的设施。但这种骨架需要涂刷油漆防腐、防锈，1～2 年需涂刷一次，比较麻烦，如果维护得好，使用寿命可达 6～7 年）、镀锌钢管结构（组装式结构，建造方便，可拆卸迁移，棚内空间大、遮光少、作业方便；有利于作物生长；构件抗腐蚀、整体强度高、承受风雪能力强，使用寿命可达 15 年以上，是目前最先进的大棚结构形式）。②按照覆盖材料，有普通膜（以聚乙烯或聚氯乙烯为原料，膜厚 0.1mm，无色透明，使用寿命约为 1 年）、多功能长寿膜（在聚乙烯吹塑过程中加入适量的防老化料和表面活性剂制成，厚 0.06mm，使用寿命比普通膜长一倍，夜间棚温比其他材料高 1～2℃，而且膜表面不易结水，覆盖效果好，成本低、效益高）、无纺布（涤纶长丝，不经织纺的布状物，一般选用黑色，有不同的密度和厚度，除保温外，还常作为遮阳网来用）、遮阳网（塑料织丝网，常用的有黑色和银灰色两种，有数种密度规格，遮光率各有不同，主要用于夏天遮阳防雨，冬天保温覆盖）。③按照外观形式，有圆拱形（顶部为圆弧形，南北向对称）、斜拱形（北部立柱骨架直立且较南部立柱骨架高，顶部呈由北向南的斜弧形过渡）。

随着行业技术和材料技术的发展，目前在实际使用过程中都是组合应用，如镀锌钢管结构、多功能长寿膜加无纺布或者遮阳网、卷帘棉被保温组合设计。

塑料大棚的特点：建造容易、使用方便，投资较少，是一种简易的保护地栽培设施。随着塑料工业的发展，被世界各国普遍采用。

<table>
<tr><td>(a) 圆拱形</td><td>(b) 斜拱形</td></tr>
</table>

图 5-1　塑料大棚

（2）日光温室。日光温室又叫暖棚，由东、西、北三面围护墙体、支撑骨架及单坡面塑料覆盖材料组成,前坡面夜间用保温被覆盖,统称为日光温室。其雏型是塑料大棚,考虑实际种植对光照的需求及寒冷多风地区的应用将北坡面结构和材料优化变形即演化为早期的日光温室。

日光温室的结构各地也不尽相同,分类方法也比较多:①按墙体材料分,主要有干打垒土温室、砖石结构温室、复合结构温室等;②按屋面分,其中按后屋面长度分有长后坡温室和短后坡温室,按前屋面形式分有二折式、三折式、拱圆式、微拱式等;③按结构分,有竹木结构、钢木结构、钢筋混凝土结构、全钢结构、全钢筋混凝土结构、悬索结构、热镀锌钢管装配结构,图 5-2 为国内最常见的一种日光温室。

日光温室的特点是保温好、投资低、节约能源,非常适合我国经济欠发达的农村使用。日光温室的透光率一般在 $60\%\sim80\%$,室内外气温差可保持在 $21\sim25℃$。一方面,太阳辐射是维持日光温室温度或保持热量平衡最重要的能量来源;另一方面,太阳辐射又是作物进行光合作用的唯一光源。日光温室的保温由保温围护结构和活动保温被两部分组成。前坡面的保温材料应使用柔性材料以易于日出后收起,日落时放下。对新型前屋面保温材料的研制和开发主要侧重于便于机械化作业、价格便宜、重量轻、耐老化、防水等指标的要求。

(a) 效果图

(b) 实景图

图 5-2   日光温室

(3) 塑料温室。塑料温室(见图 5-3)这里特指大型连栋式塑料温室,是近十几年出现并得到迅速发展的一种温室形式。与玻璃温室相比,它具有重量轻、骨架材料用量少、结构件遮光率小、造价低、施工简单等优点，其环境调控能力基本可以达到玻璃温室的相同水平，最初塑料温室用户接受能力在全世界范围内远远高出玻璃温室，成为现代温室发展的主流。

(a) 未加遮阳   (b) 加设遮阳

图 5-3 塑料温室

3. 传统温室大棚的问题

传统温室大棚存在寿命短、大棚内环境参数控制不理想、植物生长速率慢、能源消耗大及环保性差等问题。

传统温室大棚采用的材料是塑料薄膜，这样的材料使用寿命比较短，一般最多 1～2 年就需要更换一次，应用成本比较高，浪费消耗比较大，同时更换下来的塑料薄膜会造成白色污染，不满足节能环保的要求。传统的温室大棚在温湿度、光照等环境参数的控制上比较困难，不能很好地给植物提供所需求的生长环境，导致许多作物无法在适宜的生长阶段达到生长需求，从而使产量和品质得不到很好的保证，体现不出温室大棚的优点所在。温室大棚建设是保证作物高产、高品质生长，是为农民增收的重要建设，然而我国四季交替和昼夜交替的温差比较大、区域气候差异也比较大，为了保证大棚的正常运作，所需要的投入资源会随之增加，传统温室大棚搭建比较简陋，有许多的能源得不到充分利用，造成了大量的能源消耗，同时还会造成环境的污染，不利于环境保护[92]。

5.1.2 光伏+温室大棚技术介绍

1. 光伏＋温室大棚简介

光伏＋温室大棚是利用农业大棚棚顶设置不同透光率的太阳能电池板进行太阳能发电，棚内光照适宜发展高效生态农业的综合系统工程。它集太阳能光伏发电、智能温控、现代设施农业种植为一体，采用钢制骨架，上覆太阳能光伏组件，以同时保证太阳能光伏组件的光照要求和整个温室大棚的采光要求。太阳能光伏所发电量，可以支持大棚的灌溉系统、植物人工补光系统、温室大棚冬季供暖等方面的电力需求，提高大棚温度，促使农作物快速生长，还可以供给周围居民和农户生产、生活使用。

2. 光伏＋温室大棚应用原理

光伏＋温室大棚是一种新型大棚，结合种植作物对光照的要求在温室大棚上采用不同的铺设形式（局部铺设或满铺）、不同的光伏组件（晶体光伏组件、半透光的薄膜光伏组件）加装光伏发电系统，太阳光仅能投射作物生长所需要的光照，剩余光照用于光伏发电系统的光电转化。光伏＋温室大棚能够对进入大棚的太阳光进行选择，使光谱与作物的生长光谱相适应，既可实现光伏发电，又可兼顾作物生长。太阳光是由紫外线、可见光及红外线组成的，这3类在太阳光中占有的比例均不同，其中紫外线对大棚内种植的作物生长产生一定危害作用，可见光及红外线的存在均能对大棚内种植的作物生长起到积极的作用。针对太阳光照射的远近度不同造成的影响不同，按照太阳光照射光谱距离的不同进行分类（见表5-1），可以根据种植作物的不同选择合适的光源[93]。自然光中对植物生长有影响作用的光只有约10％，即660nm的红光和450nm的蓝光，与叶绿体的吸收波长相吻合。蓝光透过膜后波长范围与叶绿素吸收光谱一致，远红光截止膜透过波长小于720mm[94]，以上为光伏＋温室大棚设计选择的根本依据。

表 5-1　　　　　　　不同太阳光谱照射的影响

太阳光谱距离（nm）	影响
280～315	几乎没影响
315～400	减少叶绿素的吸收，对光周期效应产生影响，不利于生长
400～520	光合作用最好，对叶绿素和类胡萝卜素吸收最好
520～610	对色素的吸收较差
610～720	对叶绿素的吸收较差，光合作用与光周期效应影响较大
＞720	转成热量

3. 光伏＋温室大棚的种类

（1）光伏＋塑料大棚。光伏＋塑料大棚是光伏＋温室大棚最早的结合形式，但基于塑料大棚的结构形式、设计初衷致使塑料大棚的主体结构荷载能力有限、覆盖材料透光要求高，所以光伏＋塑料大棚中光伏与塑料大棚并没有太多实际的结合，主要形式有：①塑料大棚棚间安装光伏组件，塑料大棚与光伏组件相互独立；②在塑料大棚上部一定距离加装光伏组件，光伏组件的支架独立设置，根据大棚内种植作物对光照需求的不同局部铺设或满铺，光伏＋塑料大棚布置示意图如图5-4所示。

以上的光伏＋塑料大棚模式中光伏发电完全没有或仅有部分用于大棚的农业种植，主要以并网为主。另外，随着光伏用地的减少、光伏发电就地消纳一定比例、光伏严禁占用农业用地资源等政策因素的出现及棚顶光伏对光照的影响等因素，光伏＋塑料大棚这种模式近年来推广应用越来越少。

(a) 棚间光伏   (b) 棚顶光伏

图 5-4　光伏＋塑料大棚布置示意图

此外，用新型非晶薄膜光伏组件代替塑料大棚的覆盖材料，实现光伏与设施农业真正意义上的融合，也是近年来出现的一种新型光伏＋塑料大棚的形式，类似图 5-4(b)。柔性太阳能电池是发展建筑一体化光伏（building integrated photovoltaic，BIPV）和建筑贴附式光伏（building attached photovoltaic，BAPV）最具潜力的光伏材料，基于这种非晶柔性薄膜光伏组件的技术、成本及种植作物对光照需求的差异，这种光伏＋塑料大棚的形式还处于发展探索阶段。

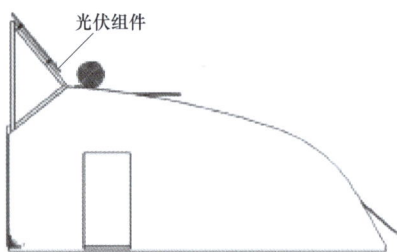

(a) 后墙布置式日光温室型光伏大棚布置示意图

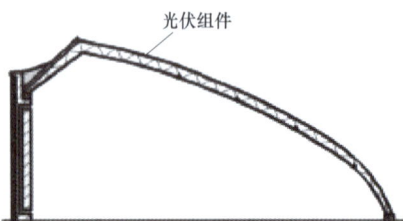

(b) 前坡布置式日光温室型光伏大棚布置示意图

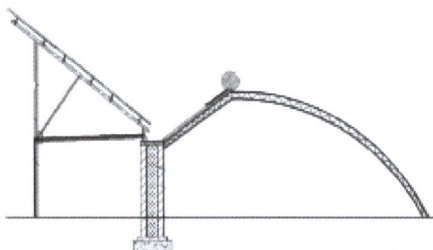

(c) 棚间布置式日光温室型光伏大棚布置示意图

图 5-5　光伏＋日光温室布置示意图

柔性薄膜光伏＋塑料大棚光伏组件与大棚能很好地结合，柔性薄膜光伏电池质量轻、成本低、安装方便、透光性好，能代替塑料薄膜减少大棚的建设成本，使用年限也远比塑料薄膜时间久，而且不会额外占用土地，对棚内作物影响小；不过光电转化效率、透光率及生产应用技术、成本还需进一步探索发展。

（2）光伏＋日光温室。日光温室是我国最为常见的设施农业载体，在结构上有着较大差别，包括竹竿骨架、焊管骨架及冷弯骨架。前两者一般不适合用作光伏发电，在安装光伏组件后所增加的荷载影响温室的结构强度，一般采用冷弯结构。

为了避免对光伏组件的遮挡，一般安置于后墙，后墙布置式日光温室型光伏大棚布置示意图如图 5-5(a) 所示。对于该种方式布置的光伏温室大棚棚内作物采光不存在影响，从安装来看，可充分利用后墙通道或后墙脚手架，安装简便易于保证工程质量。该种方式由于具有后墙维护通道，清扫和外观检查较为便捷，维护成本低。

在光伏温室大棚实践中，该种方式还可用于种植菌类、有机蔬菜或育苗等方面，由于该类种植不需要较强的阳光，一般前坡可将薄膜或阳光板替换为无边框组件，提高发电收益，在内部配置补光设备保证作物正常生长。前坡布置式日光温室型光伏大棚布置示意图如图 5-5（b）所示[95]。

另外，如果是规划区域内土地面积足够大，为了使温室大棚与光伏发电互不影响、产权分明，或者是在已有温室大棚用地上新增光伏发电项目时考虑原温室大棚结构承重问题一般会将光伏组件设置在棚与棚之间，棚间布置式日光温室型光伏大棚布置示意图如图 5-5（c）合理设置光伏板的角度，在不影响温室大棚内作物生长的同时达到最大的发电效率。

（3）光伏＋塑料温室。塑料温室其实就是多个塑料大棚连在一起或者将玻璃温室的覆盖材料替换为塑料薄膜，光伏＋塑料温室是塑料大棚与玻璃温室结合后与光伏融合的产物，结合了塑料大棚成本低和玻璃温室空间大等部分优点，更有利于光伏＋塑料温室的推广应用。

光伏＋塑料温室的形式较少，主要是在塑料温室外顶部局部架设或者满铺太阳能光伏组件，与塑料大棚类似，光伏＋塑料温室布置示意图如图 5-6 所示。

图 5-6　光伏＋塑料温室布置示意图

同样，光伏＋塑料温室这种模式对温室主体结构的荷载要求会增加，光伏组件也会遮挡光照，对棚内作物的光合作用产生一定影响。

5.2　光伏+玻璃温室

5.2.1　玻璃温室简述

玻璃温室指以玻璃作为覆盖材料的温室（实际应用中根据地域气候、风雪荷载、用户需求的不同有 PC 阳光板和钢化玻璃两种选择），属于温室大棚的一种，目前，荷兰的温室农业技术处于绝对领先地位。其充分利用现代科技的优势建立温度、湿度及 CO_2 浓度自动控制系统，使用水肥一体化、无土栽培等技术，通过建立不同作物的生长模型、整合新材料，打造单位产值高的智能温室，并形成了一定规模[107]。

玻璃温室是工业革命后逐渐发展起来的一种新型的建筑样式，目前世界上使用量最多的玻璃温室是荷兰的文洛（Venlo）温室。"文洛"一词来源荷兰一个小镇的名称，20 世纪 50 年代文洛式温室就诞生在这里。经过近百年的发展，这种温室已成为世界上应用地域最广、使用最多的玻璃温室。文洛式玻璃温室传入我国后，根据实际情况进行了本土化的改进，顶部一般覆盖 5mm 单层钢化玻璃或者 8mm 双层中空阳光板，北方地区四周覆盖 5＋9A＋5 双层中空钢化玻璃、南方地区覆盖 5mm 单层钢化玻璃或 5＋6A＋5 双层中空钢化玻璃。

智能玻璃温室采用连栋尖顶屋面文洛式热镀锌轻钢结构，主要包括外部电动遮阳系统、内部保温幕布系统、顶部电动交错开窗系统、风机—湿帘强制通风降温系统、电动外翻窗系统等，可实现自动集成控制[108]，此处说的玻璃温室主要指的就是 Venlo 型智能连栋玻璃温室，如图 5-7 所示。

图 5-7　玻璃温室

连栋玻璃温室结构包含以下几个主要尺寸参数和性能指标：

（1）尺寸参数。温室面积＝温室总长度×温室总宽度，也就是建筑面积。

温室跨度：一般定东西为跨度，东西相邻两个立柱之间的距离即为跨度，规格尺寸有 6.4m、8m、9.6m、10.8m、12.8m。

温室开间：一般定南北为开间，南北相邻两个立柱之间的距离即为开间，单间规格尺寸 3m、4m、5m，根据不同需要可设置两个或三个单间为一个开间。

温室檐高：从立柱底到水槽的距离，一般取立柱高度，规格尺寸 3.0m、3.5m、4.0m、4.5m、5.0m、5.5m、6.0m。

温室脊高：屋脊到立柱底部的垂直距离，就是人字架顶部到立柱底部距离，规格尺寸在 4.8～10m。

（2）性能指标有风载、雪载、排雨量、电源参数。

此外，智能化 Venlo 型玻璃温室有以下几个特点：

（1）Venlo 型玻璃温室主体结构由纵横向平面桁架组成的一级骨架及屋面龙骨和天沟组成的二级结构组成空间受力体系。围护体系一般由屋面檩条、PC 板或玻璃组成。支撑体系控制平面桁架的稳定性、传递荷载及增加空间性能。

（2）Venlo 型玻璃温室的桁架跨度小，可以在工厂加工预制好直接运送至现场。桁架间的连接、屋面与天沟的连接、屋面檩条间的连接均采用螺栓进行连接，在施工现场直接组装使用。安装速度快、周期短，节约时间和安装成本，拆卸方便，可回收利用。

（3）Venlo 型玻璃温室结构轻。主要是因为玻璃温室的屋脊型构件和天沟等都是采用轻钢，屋面覆盖材料用的是 PC 板或单层钢化玻璃，材料本身的密度小，因而桁架及立柱等的负荷就小。

（4）玻璃温室的观赏性越来越好，玻璃或 PC 板透明的材料配合轻盈的钢材，使得连栋玻璃温室很适合做大型展厅和休闲娱乐之地，是适合发展的商业建筑类型。

（5）Venlo 型玻璃温室结构构件尺寸小，可以节约建筑空间。同时，桁架维护费用比较少，造价比较低，扩建比较容易。

基于以上特点使得 Venlo 型玻璃温室成为了现代温室类公共建筑中发展最快、最主流的建筑类型。

在现代化栽培设施中，玻璃温室作为使用寿命最长的一种形式，适合于多个地区和各种气候条件下使用。行业内以跨度与开间的尺寸大小分为不同的建设型号，又以不同的使用方式分为蔬菜玻璃温室、花卉玻璃温室、育苗玻璃温室、生态玻璃温室、科研玻璃温室、智能玻璃温室等。其面积与使用方式可由温室主自由调配，最小的有庭院休闲型的，大的高度可达 10m 以上，跨度可达 16m，开间最大可达 10m，智能程度可达到一键控制。玻璃温室的冬季采暖问题可采用多种供暖方式，其能耗费用较高。

5.2.2　光伏+玻璃温室技术介绍

1. 光伏＋玻璃温室简介

高耗能一直以来就是传统玻璃温室的代表性缺点，为了满足植物生长所需的温度、湿度、光照、水肥、通风等诸多环境因素就需要配备完整的环境条件调控系统，而环境条件调控系统的运行将造成很大的能量消耗，这将在很大程度上增加生产成本。因此，在发展可持续生产的现代化农业道路上，玻璃温室生产过程中的"高耗能"成了一个迫切需要解决的问题。

光伏＋玻璃温室作为典型的"光伏＋"生产模式，实现了上面光伏组件发电、下面作物生长，充分实现了土地的深度利用及资源的优势互补，经过大量的实验研究，得以实现推广和应用。光伏＋玻璃温室就是光电技术和玻璃温室的集成，形成一种具有新型结构型式和功能的温室类型。

Venlo型温室是一种起源于荷兰的连栋玻璃温室，到目前为止，是全球使用率最高、应用最广的玻璃温室类型之一，其特点是高透光性、高密封性、安装简单灵活、较大的通风面积等[109]，一跨三脊的屋顶结构及规格统一的玻璃覆盖材料，50％左右的面积可以充分利用太阳光。基于以上特点，Venlo型温室和光伏组件可以得到很好的结合。

2. 光伏＋玻璃温室形式

玻璃温室在观光农业中应用较多，结构较为坚固，通过与无边框晶硅组件或薄膜组件的结合可有效开展光伏发电，但需要根据光伏发电调整朝向。同时，要考虑光伏发电效益，不应再采用外遮阳结构。光伏＋玻璃温室布置如图5-8所示。

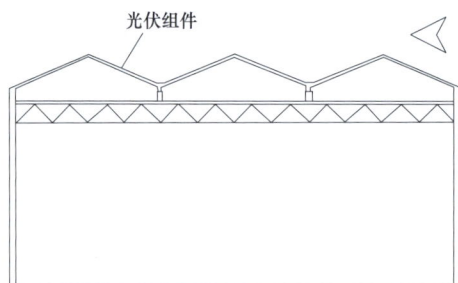

(a) 光伏+玻璃温室布置示意图

(b) 光伏+玻璃温室布置实景图

图5-8　光伏＋玻璃温室布置

光伏＋玻璃温室模式中的光伏组件被布置于屋顶，鉴于原有的采光考虑，可不调整顶部倾角，直接布置组件，不会产生倾角对发电量的影响，但需要注意朝向，设计中要求组件正南朝向。该类方式由于玻璃温室高度，无须考虑前方遮挡，面积利用率最为充分，单位面积光伏装机每平方米在65～95Wp，随着纬度不同而有所变化。

另外，光伏组件的铺设面积、布置形式的研究对于光伏＋玻璃温室这种新型模式的推广应用也非常重要，需要综合考虑发电效率、植物光合作用对光的需求、室内温度要求等因素，玻璃温室内部垂直空间高、四周围护结构覆盖材料为玻璃，所以采光条件较好，目前光伏玻璃温室光伏组件主要设置在屋脊南坡面，采用满铺、间隔局部铺等形式布置，在满足植物生长的前提下最大化光伏发电效率或者选择疏光型或暗光型作物满铺光伏组件最大化发电效率。随着玻璃温室顶部光伏组件铺设面积比例的不断增加，温室内部的温度会不断下降，透入的阳光会越来越少，光伏发电效率会越来越高，所以光伏＋玻璃温室栽培品种的选择很重要。此外，将 LED 人工补光技术应用到光伏＋设施农业也是当下智慧农业发展应用的一种潮流—人工光植物工厂。

5.3　光伏+植物工厂

我国作为世界上人口最多的发展中国家，以 18％的世界耕地面积养活了占世界 28％的人口，成绩斐然，举世瞩目。然而，如此耀眼的成绩背后也有一些隐患。为了保证三大主粮的耕地面积，一些非粮农作物的耕地面积被高度压缩，导致我国一些本该优势的农产品资源高度依赖进口。植物工厂技术一定程度上改变了农业生产方式，具有远高于传统农业的单位面积产量、远高于传统农业抗极端气候的能力、远高于传统农业的人均生产力，从而在我国有限的土地面积上栽培更多的作物、避免各种极端气候乃至全球气候变暖对我国农业生产的影响、吸引足够的劳动力从事农业行业。光伏＋植物工厂是将光伏与现代化农业结合，是一种集绿色能源与设施农业于一体的高产高效、节能环保、清洁健康与生态智能的新概念。

5.3.1　植物工厂的定义与分类

植物工厂是一种通过设施内高精度环境控制，实现作物周年连续生产的高效农业系统，是由计算机对作物生长过程的温度、湿度、光照、CO_2 浓度及营养液等环境要素进行自动控制，不受或很少受自然条件制约的省力型生产方式[110]。植物工厂能够监测植物的生长条件和生长情况，根据植物的需求对生产环境进行先进和精确的控制，从而实现农作物的周年连续生产。

植物工厂充分运用了机械化设备、自动化控制、无土化栽培、数字化呈现等多种现代科技，是一种典型的技术密集型产业，与传统农业的劳动力密集型产业有着鲜明的区别，因此被公认为世界农业发展的最高阶段，是农业中高新技术产业，是衡量一个国家农业科技水平的重要标志之一。

同时，植物工厂可以不占用耕地，在任何平整且有水电供应的土地上都可以生产，甚至可以直接在城市中的建筑内占用部分楼层生产；植物工厂有围护结构和温控设备，足以抵挡干旱、低温、暴雨、冰雹、台风等极端气候对农作物的影响；植物工厂的工作环境非常舒适，温度常年保持在人体适宜的 $20\sim28℃$，工作环境整洁干净，工作强度相对传统农业较低，劳动力需求接近工业生产中的流水线劳动力，又比工业流水线更加绿色环保，不接触有毒、有害物质，工伤风险极低。综上所述，植物工厂正是根本性解决我国农业所存在的诸多隐患的优秀方案。

除此之外，植物工厂生产的农产品非常洁净，在正常的管理下即可做到既没有虫害也没有病害，因此不需要施加任何农药，可以直接生食；植物工厂大量使用机械化、自动化设备，操作省时省力，单位面积产量可达露地生产的几十倍甚至上百倍，是未来全世界解决人口、资源、环境等现实问题的重要助力，也是航天工程、宇宙探索、星际移民过程中实现食物自给的几乎唯一手段，因此又被认为是"面向未来的农业技术"。

植物工厂主要可分为全人工光型植物工厂和太阳光利用型植物工厂两种。二者最显著的区别在于植物进行光合作用需要的光照是否全部由人工光源提供。除此以外，全人工光植物工厂的环境完全封闭，人员、水、空气、各种物料均不能自由进出，必须经过消毒或过滤，温度、湿度、CO_2 浓度等环境参数受到严格监控；太阳光利用型植物工厂的环境半封闭，更接近于管理较好的温室环境，不会严密监控各种环境参数。广义上来说，这两种技术都被称为植物工厂，但狭义的植物工厂仅包含全人工光型植物工厂。

事实上，目前有关植物工厂的定义与分类方式还有不少争论，欧美国家与亚洲国家的意见也不一致。欧美国家很少把具有人工补光的、内部采用水耕栽培或岩棉培植的蔬菜花卉工厂化生产温室称为太阳光利用型植物工厂。而在亚洲国家尤其是日本，就将其划分为太阳光利用型植物工厂。日本植物工厂学会理事长、原千叶大学校长古在丰树教授认为，实际上目前日本也未有统一的定论，普遍接受的意见是植物工厂可分为两种主要类型，即全人工光型和太阳光（有补光或无补光）利用型植物工厂。

全人工光型植物工厂是指在完全密闭可控的环境下采用人工光源与营养液栽培技术，在几乎不受外界气候条件影响的环境下，进行植物周年生产的一种方式。其主要特征为：①围护结构为全封闭式，密闭性强，屋顶及墙壁材料不透光，隔热性较好（如硬质聚氨酯板或聚苯乙烯板等）；②只利用人工光源，光源特性好，如高压钠灯、高频荧光灯（Hf）及发光二极管（LED）等；③采用植物在线检测和网络管理技术，对植物生长过程进行连续检测和信息处理；④采用营养液水耕栽培方式，完全不用土壤甚至基质；⑤可以有效地抑制害虫和病原微生物的侵入，在不使用农药的前提下，实现无污染生产；⑥对设施内光照、温度、湿度、CO_2 浓度及营养液电导率（EC）、pH、溶氧浓度（DO）和液温等要素均可进行精密控制，明、暗期长短可任意调节，植物生长较稳定，可实现周年均衡生产；⑦技术装备和设施建设的费用高，能源消耗大，运行成本较高。

太阳光利用型植物工厂是在半封闭的温室环境下，主要利用太阳光或短期人工补光及营养液栽培技术，进行蔬菜周年生产的一种方式。其主要特征为：①温室结构为半封闭式，建筑覆盖材料多为玻璃或塑料（如氟素树脂薄膜、PC板等）；②光源主要为自然光，但在夜晚或白天连续阴雨寡照时，或者为了增产和提高产品品质，也采用人工光源补光；③温室内备有多种环境因子的监测和调控设备，包括温度、湿度、光照、CO_2浓度等环境因子的数据采集，以及顶开窗、侧开窗、通风降温、喷雾、遮阳、补光、保温、防虫等环境调控系统；④栽培方式以水耕栽培和基质栽培为主；⑤生产环境比全人工光型植物工厂更易受季节和气候变化的影响，生产品种有一定的局限性，主要为叶菜类和茄果类蔬菜，有时生产不太稳定；⑥设施建设成本较全人工光植物工厂要低得多，运行费用也相对低一些。

5.3.2　植物工厂及相关技术的发展历史与现状

植物工厂的发展始于 20 世纪 50 年代欧美的一些发达国家。1957 年，在丹麦的约克里斯顿农场诞生了世界上第一座植物工厂，面积为 $1000m^2$，属于太阳光利用型植物工厂，常设人工光源进行补光，栽培作物为水芹。其与当时的塑料大棚和玻璃温室最大的不同在于播种到收获的全过程，均采用传送带进行流水作业，大大节约了人力资源，提高了人均生产力。第一个全人工光型植物工厂最早于 1960 年由美国通用电气公司开发，随后陆续有通用食品公司、赛纳拉鲁米勒斯公司等多家公司进行相关研发。1963 年，奥地利的卢斯那公司建成了一座 30m 高的塔式全人工光型植物工厂，最大的特点除全人工光源外，就是利用传送带以立体栽培的方式种植生菜，已经初具当今植物工厂的雏形。与此同时，植物工厂的相关技术也在不断发展。1973 年，英国温室作物研究所提出了营养液膜法（nutrient film technique，NFT）水培模式，大大简化了水培法的栽培设施和结构，降低了植物工厂的生产成本。类似地，日本在 20 世纪 70 年代研发了深液流栽培法（deep flow technique，DFT），并以此为基础开发了 M 式、神园式、协和式、新和等量交换式等多种水培模式，大大推进了植物工厂技术的发展。

1974 年，日本日立制作所开始进行全人工光型植物工厂的研究，但真正用于实际生产的第一个全人工光型植物工厂是 1983 年静冈三浦农场推出的平面式和三角板型植物工厂，光源主要为高压钠灯，栽培方式采用气雾培与水培。1985 年，日本千叶县一家购物中心的蔬菜销售区也推出了植物工厂。1989 年 4 月，日本成立了专注于植物工厂研究的农业高技术学会，之后每年 1 月份定期组织关于植物工厂的研讨会，该学会的成立极大地推动了日本植物工厂产业的发展。截至 20 世纪 90 年代末，日本约建成 20 座人工光型植物工厂。进入 21 世纪后，日本植物工厂蓬勃发展。2001 年，位于北海道的神内农场投资 2.8 亿元人民币，打造了当时日本乃至世界上设备最精良、技术最先进、投资最多的人工光与太阳光两用型神内植物工厂[111]。2009 年，日本政府出台一系列政策促进植物工厂产业发展，并拨款 500 亿日元，支持植物工厂的建设与研发。在政府和政策的影响下，日本多个大型企业如日立、丰田、三菱等纷纷进军植物工厂[112]，之后日本植物工厂的数量持续增长。2009—2017 年，日本用于商业化生产的植物工厂的数量变化如图 5-9 所示

（2015—2017 年，植物工厂的总数几乎保持不变）。目前，日本约有 400 座人工植物工厂，其中，只有 250 座左右在实际运营[113]。

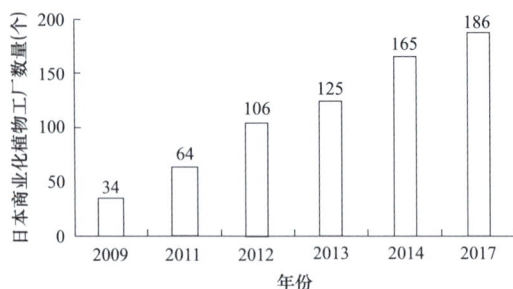

图 5-9　日本商业化植物工厂的数量变化

　　除日本外，其他国家也在积极发展植物工厂。美国一方面通过植物工厂的研究希望为空间站和星球探索提供食物保障；另一方面还提出了"摩天大楼农业"的构想，希望利用植物工厂资源高效利用技术解决未来农业和空间探索的食物供给难题；欧洲各国也在从节能和降低运行成本的角度进行植物工厂的研发，尤其是利用计算机系统实现植物工厂的智能化监控，使运行成本大为降低，劳动生产率显著提高，极大地推动了植物工厂的普及与发展。

　　目前，国际上植物工厂技术研发极为活跃，一方面，不断引入和应用高新技术，朝着更加高端的方向发展；另一方面，朝着更加节能和低运行成本的实用化方向发展，实现技术的普及化。人工光型植物工厂已经能实现对植物生长的环境要素（温度、湿度、光照、CO_2 浓度等）和营养液离子浓度进行在线实时检测和智能化监控；植物工厂叶类蔬菜实现了多层立体栽培，栽培层数可达到 8～10 层，空间利用率大幅提高；同时，LED 节能光源及太阳能与新能源技术正在开发应用，大大降低了系统能耗与运行成本。此外，通过现代装备工程技术的引入和智能化监控手段的应用，植物工厂已经能实现从育苗、定植、栽培管理与收获的全程机械化操作，劳动生产率显著提高。近年来，随着资本市场的进入，植物工厂的规模越来越大，许多国家着手于大型植物工厂的建设，国内外大型植物工厂汇总见表 5-2。

表 5-2　　　　　　　　　　　　　国内外大型植物工厂汇总

国家	名称	时间	占地面积及特点
日本	808 工厂（808 Factory）	2014	2 个植物工厂，日产蔬菜 2.4t
	科技农场（Techno Farm）	2020	3950m^2，日产叶菜 3.6t
	东京电力集团植物工厂	2020	9000m^2，日本最大植物工厂
韩国	奈特昂（NextOn）	2018	2300m^2，世界首座建在隧道中的，也是韩国最大的植物工厂

国家	名称	时间	占地面积及特点
美国	卡莱拉（Kalera）	2010	本土分别拥有 4 个在运营、4 个在建植物工厂，并分别在德国、中东、新加坡有 3 个植物工厂。2022 年 6 月 29 日，在纳斯达克首次正式亮相，业务估值约为 3.75 亿美元
	空中农场（Aero FarmS）	2021	13935m²（气雾培），世界首个垂直农场公司
	普兰特（Plenty）	2021	8825m²，获得垂直农业领域里迄今为止最大的一笔融资——4 亿美元
	鲍威里农场（Bowery Farming）	2015	拥有 3 个植物工厂，目前已获得超过 6 亿美元融资
	美味农场（OiShii Farm）	2022	6875m²，是目前全球最大的草莓植物工厂
	作物一号（Crop One）	2022	30657m²，全球最大植物工厂（位于迪拜），日产蔬菜 3t
德国	室内农场（Infarm）	2022	18580m²，位于美国
英国	莱特斯（LettUS Grow）	2015	主要供应集装箱式植物工厂（气雾培）
	琼斯食品（JoneS Food）	2018	5120m²
丹麦	北欧哈维斯特（Nordic HarveSt）	2020	7000m²，日产蔬菜 3t
荷兰	植物实验室（PlantLab）	2021	15000m²，欧洲最大垂直农场，2020 年 7 月 22 日，获得 2000 万欧元的第一笔外部投资，2022 年 2 月 22 日，获得了 5000 万欧元的注资，该公司现已投资 1.2 亿欧元
	未来作物（Future CropS）	2016	基质栽培，2022 年 3 月获得由腾讯领投的新一轮融资
芬兰	艾伐姆（iFarm）	2022	种植面积 3833m²（位于俄罗斯圣彼得堡），日产蔬菜 379kg，在法国、俄罗斯、沙特阿拉伯、阿联酋、印度均有垂直农场
意大利	星球农场（Planet FarmS）	2020	9000m²
中国	中科三安	2016	栽培面积超 10000m²，日产蔬菜 1.8t

植物工厂的研发和产业化在我国也呈现蓬勃发展的势头，但与欧美国家相比，主要用途为科研展示，大型商业化植物工厂较少。福建省中科三安植物工厂是商业化运营的大型工厂之一，其栽培面积超过 10000m²，日产蔬菜为 1.8t 左右，作为植物工厂解决方案供应商，该公司在国内落地了多个项目，如位于山西省长治市的 10000m² 太阳光型植物工厂（含人工补光），与国家电力投资集团有限公司联合打造的智能植物工厂等。此外，该公司还在美国、加拿大、日本、韩国、新加坡、阿联酋、德国、西班牙等 20 多个国家开拓了植物工厂市场。2020 年 11 月，四维生态在浙江省义亭镇缸窑村打造了一座总投资 950 万元、占地面积约 1000m² 的植物工厂。2022 年，江西上饶云谷田园生态小镇打造了一座全自动的垂直叶菜工厂，该工厂占地面积 1147m²、模组总层数 20 层、高为 11.2m，其产量与 9800m² 的平面种植面积持平，是同等占地面积下传统种植的 30 倍。该植物工厂利用智能装备如自动物流车（automated guided vehicle，AGV）、立体升降机等，实现了全自动化精准快速播种、育苗、定植、采收等工作，极大地提高了工作效率和人均生产力。

除了植物工厂本身，植物工厂的相关技术也经历了长期的发展。植物工厂是一个涉及生命科学、生物技术、设施园艺、环境控制、计算机、自动化及人工智能等多个学科的交叉领域，该领域的核心技术包括 LED 照明技术、营养液循环调控技术、栽培采收技术、智能装备技术及智能环境控制技术等，各个技术的协调统一，互相搭配为植物工厂稳定高效运行出力。如荷兰的太阳光型植物工厂利用先进的智能环控系统及水肥管理系统，使得番茄产量高达 $85\sim90kg/(m^2\cdot 年)$[114]。日本的人工光植物工厂技术较为领先，通过系统集成的方法使植物工厂产量提高至 $55t/hm^2/年$[115]。近年来，我国植物工厂装备研究也取得了巨大进展，智能装备系统在播种、移栽、采收、运输、包装等多个环节中得到应用[116]，如方啸等[117] 采用自适应动态规划算法解决了智能运输车自主寻路、避障的问题。田志伟等[118] 利用机器视觉技术进行产品分级、检测植物养分胁迫、病虫害等；马浚诚等[119] 利用机器视觉技术构建支持向量机来识别与诊断黄瓜霜霉病，准确率达到 90％；刘蒙蒙[120] 选取害虫形态特征作为表征虫害的特征参数，基于支持向量机进行分类，害虫平均识别准确率达到了 93.5％。大卫（David）等[121] 以生菜顶部冠层面积作为形态特征进行监测，评估早期生菜中钙缺乏情况等。目前，人工光型植物工厂光源能耗占总能耗的 $50％\sim60％$[122]，降低运行能耗也是植物工厂装备技术的研究热点之一，李等[123] 通过优化 LED 光源与冠层的位置、改变光线投影大小等提高了光能利用率，此外还利用室内外温差优势，通过新风方式引入室外冷源，达到节能的目的。石惠娴等[124] 通过使用水蓄能型地下水源热泵式供热系统对植物工厂供热，研究表明该系统不仅能移峰填谷，降低运行费用，同时相对于传统的燃煤锅炉和燃气锅炉，其节能率分别为 81.05％和 74.83％，碳排放量分别为 80％和 34.13％。王君等[125] 利用风机引进外界低温空气与空调协同降温方式，以低功率的风机运行减少了高功率空调运行，明暗期节省的降温耗电量分别为 $24.6％\sim63.0％$和 $2.3％\sim33.6％$。

适合植物工厂栽培的植物品种较多，如叶菜、茄果、芽苗菜、食用香料和花卉、中草药等，近年来，"七天牧草"是植物工厂的热门栽培品种之一，该方式生产的鲜食牧草生长周期短、产量高、适口性好，能解决畜牧业部分"口粮"问题，保证牲畜粮食安全[126]。除此之外，植物工厂还能为科研提供支撑，如通过延长光照时间等措施缩短水稻育种年限，加速繁育新品种[127]。植物工厂在医药领域也有应用，如利用生菜做生物反应器，通过植物瞬时蛋白表达技术平台快速、低价生产抗体等药物[128]。

5.3.3　植物工厂的系统组成

一般地，任何植物工厂都会以围护结构为基础，在建筑内部进行无土栽培。在植物工厂的无土栽培中，影响产量和品质的最重要的两个因素就是光配方和营养液配方，即光照的光强、光质、光周期和营养液的 EC、pH、DO、洁净程度、自毒物质浓度、离子组成等。此外，温度、湿度等环境参数也会影响作物的产量和品质。因此，接下来将从以下几个方面分别介绍植物工厂的系统组成。

1. 围护结构

植物工厂是在完全封闭的条件下，进行植物周年高效生产的技术，完全封闭是其最重要的特点之一，是植物工厂与其他农业生产方式的本质区别之一。因此，围护结构必须保证植物工厂的封闭性，决不能使其在不受控制的情况下和外界环境进行任何物质交换。只有这样，才能保证植物工厂作为一个封闭系统，系统内的物质、能量和资源消耗尽可能地少，输入其中的物质、能量和资源尽可能多地转化为产品，也就是农作物，提高植物工厂的生产效率。

由此可知，维护结构必须保证完全的封闭性，连空气都不可以随意进出植物工厂。这一要求明显高于普通建筑的标准，因此植物工厂即使建在普通建筑的内部，往往也要做二次钢构等建设，重新建造一层封闭的围护结构。

此外，植物工厂的围护结构还应该尽可能地减少热交换，即具有较好的隔热效果。植物工厂内部的温度往往恒定在 20～28℃，夏天需要制冷，冬天需要制热，一年四季都需要温控设备常开以控制内部温度，因此如果能减少植物工厂这个封闭系统与外界的热交换，就能降低温控设备的电力消耗，提高植物工厂的生产效率。由此可知，植物工厂的围护结构也必须能够阻断室外光照，即完全不透明，否则日光射进封闭的植物工厂内就会产生类似于玻璃温度的效应，大幅提高内部温度，显著增加温控设备的电力需求。

综上所述，为了保证植物工厂的封闭性并减少系统内外的热交换，植物工厂的围护结构应选择隔热、避光、密闭性好的建筑材料。同时，如果不是在一幢建筑内进行二次建造，而是在露地上新建植物工厂，则围护结构作为一栋建筑，还应该考虑诸如防风、抗震、防火等普通建筑均需要考虑的问题。由此可知，植物工厂的围护结构是在一般建筑的基础上，增加了完全的封闭性和更高的隔热性要求，类似于工业上的无尘室或洁净室、科研上的低级别生物安全实验室对围护结构的要求。实际上，植物工厂产业中往往也采用洁净室的标准来描述植物工厂的洁净程度，设计优秀、管理良好的植物工厂一般能达到 10～100K 的洁净级别。

目前，在生产上使用较多的外围护材料有手工玻镁岩棉保温净化彩钢板、手工岩棉保温净化彩钢板、聚乙烯彩钢夹芯板等。这些材料均是在两层金属板（多为彩钢板）中间直接发泡成型，形成隔热内芯（如岩棉和高分子的聚乙烯、聚氨酯等）构建而成，兼具有保温隔热、密封防潮等特征，能满足植物工厂对围护结构的要求。同时，植物工厂内部一般为高湿环境，且常常需要清洗消毒等操作，这些板材也能胜任。

外围护结构除板材外，其他部分一般参照无尘室或洁净室的标准，以完全封闭为要求，正常施工即可。结构基础一般由混凝土或轻钢龙骨搭建而成，板材按照洁净板材的安装工艺拼接安在骨架上；植物工厂一般不开窗，如果实在有相关展示或科普需求，观察窗必须采用全封闭式，配以专用的型材与玻璃板结合，保证完全密闭；门的周边也需要嵌入橡胶密封条等材料以保证密闭性；墙与吊顶、墙与地面一般均采用半圆型材覆盖交界处，以完善密闭性；地面底层经土地平整后，一般先铺设水泥砂浆地面，上层铺水泥自流平地坪以实现防尘防潮、防滑防静电，最上层覆盖 PVC 卷材，以保证植物工厂内部的地面便于清洁、维护方便、耐重压、耐冲击。总而言之，植物工厂的围护结构可参照《洁净厂房设计规范》（GB 50073—2013）、《医药工业洁净厂房设计标准》（GB 50457—2019）和《洁净厂房施工及质量验收规范》（GB 51110—2015）等相关标准进行施工与验收，并充分考虑材料的隔热性即可。

2. 植物工厂内的无土栽培

无土栽培是不使用土壤的栽培方法的总称，根据植物根系所处的不同环境，无土栽培主要分为基质培、水培、气雾培三种。在植物工厂中，使用最广泛的无土栽培方式是水培，即植物根系直接浸没在营养液中。气雾培仅使用于少量科研场景下，基质培主要用于太阳光利用型植物工厂中，在全人工光型植物工厂中应用较少。因此，接下来将以水培生菜为例，具体介绍植物工厂中的无土栽培。

水培也被称为营养液栽培，具体做法是将植物根系浸泡在事先配好的营养液中，让植物根系在营养液这一流动的液体环境下生长，植物所需的碳元素以外的营养元素均由营养液提供，包括 N、P、K、Ca、Mg、S、Fe、Mn、B、Zn、Cu、Mo 等，均以离子形式存在于营养液中，供植物吸收使用。

水培主要有两种不同的方式，即深液流栽培法（deep flow technique，DFT）和营养液膜法（nutrient film technique，NFT），均在植物工厂中广泛使用。二者最显著的区别是营养液的深度：DFT 的营养液深度较大，至少会达到 3~4cm，故得名深液流栽培法；NFT 的营养液深度较小，一般仅有 1cm 左右，营养液只是薄薄地覆盖在栽培槽底部，像一张薄膜一样，故得名营养液膜法。这两种方法的营养液均会在栽培槽和营养液池中封闭循环，不会流到植物工厂中或外界环境中。营养液封闭流动的这个系统被称为植物工厂的营养液循环系统。营养液循环系统主要由营养液池（或营养液罐）、传感器（主要检测营养液的电导率、pH 值、溶解氧含量和液温等）、母液罐、水泵、过滤与消毒装置、阀门和管路、栽培槽及自动控制装置等部分组成。其中，营养液池负责储存营养液，传感器负责实时检测营养液池及营养液槽（有时也会检测营养液管路）中营养液的各项参数，反馈给自动控制装置，确定这些参数是否需要进行调整。如果参数偏离了设定的范围，则自动控制装置会开启调整流程。电导率（即 EC 值，反映营养液中离子总浓度）和 pH 值的调整依靠水泵将母液罐中的母液抽取到营养液池中实现。母液罐一般由大量元素母液罐（常设为母液 A 罐）、微量元素母液罐（常设为母液 B 罐）、酸液和碱液罐（常设为母液 C 罐、母液 D 罐）组成，根据情况吸取不同体积的不同母液，即可实现对营养液电导率和 pH 值的改变。溶氧量一般通过控制水泵加强营养液在营养液池和栽培槽间的循环来实现溶氧量的增加，或者可以为营养液池增加搅拌装置，开启搅拌装置以提高营养液池中营养液的溶解氧。除非植物工厂的环控系统出现严重问题，否则液温一般不会发生很剧烈的变化，如果担心这一点，可以为营养液循环系统增加液体加热或冷却装置。这样就能时刻保持营养液的各项参数处于控制范围内。同时，营养液从营养液池中出发，由水泵经管路直接送到栽培槽中，与植物根部直接接触，持续不断地为植物提供营养；再由水泵经过滤和消毒装置后，送回到营养液池中，完成一个完整的营养液循环过程。

其中，DFT 会在栽培槽内注入较多的营养液，每天在栽培槽和营养液池之间利用水泵进行多次营养液循环，循环和循环之间往往有数个小时的间隔。这样的循环，保证营养液能够充分地流动和曝气，增加溶解氧含量，防止根系坏死，同时抑制营养液中其他生物的生长繁殖（如藻类、霉菌和细菌等）。DFT 的栽培槽内营养液体积较大，每个栽培槽中都有充足的离子供植物吸收，各种离子的浓度不会出现比较剧烈的变化。同时，水的比热容较大，植物根系完全浸泡在大量的营养液中，其温度也不会产生明显变化；每天数次的循环保证了营养液中溶解氧的含量充足且较为稳定。总之，DFT 法能够保证植物根系在一个各项条件适宜，且都相对稳定的环境中生长，有利于植物根系充分吸收各种离子，帮助植物高效生长。但 DFT 法的缺点也来自较大的营养液体积和较为稳定的根系环境：每个栽培槽内都储存了较多的营养液，不仅对栽培槽和营养液池的大小提出了更高的要求，还导致在实际应用中营养液池很可能无法容纳所有栽培槽中的全部营养液，对营养液的日常管理提出了较高的要求；每个栽培槽内的营养液环境均比较稳定，导致营养液各项参数的改变较为困难，所需时间较长，如想要提高或降低营养液的电导率（即 EC 值）以适配植物不同的生长阶段，就需要较长时间进行调整，即无法在短时间内快速调整植物根系所面对的环境参数；最后，由于营养液体积较大，一旦爆发病害往往会比较严重，容易在一个栽培槽中繁殖出大量病原体，随着营养液的循环快速传播到所有栽培槽中。总体来说，DFT 法的应用范围较广，能够栽培的作物种类较多，除了具有块根、块茎类的作物，各种果菜、叶菜基本均可使用 DFT 法生产。

NFT 法则会使营养液在栽培槽和营养液池之间不断循环，流动的营养液仅在栽培槽底面上形成一层薄薄的液膜。这样一来，植物根系的靠下的部分，即深层根系会浸没在营养液中，靠上的部分（即浅层根系）直接裸露在空气中。这种做法有助于浅层根系充分吸收氧气，且由于深层根系处于时刻流动的浅水之中，吸收氧气的情况也比 DFT 法更好，因此 NFT 法能够让根系更加充分地吸收氧气。而且 NFT 法的营养液体积远小于 DFT 法，因此水和肥料的需求都较小，此外，栽培槽和栽培架均不需要支撑大量营养液，可以采用更加简单、轻便、方便安装使用、造价更低的结构，甚至可以采用塑料薄膜材料构建营养液槽，降低了植物工厂的运行成本和基础设施投资。但由于 NFT 法营养液体积小，其各项参数容易受到植物或外界环境的影响而出现剧烈变化，如离子浓度很容易因为被植物吸收而产生较大变化，从而阻碍植物的进一步生长。也就是说，较小的营养液体积意味着

NFT法相比DFT法更不稳定的植物根系环境和更小的生长空间，对植物本身提出了更高的要求。因此，NFT法能够种植的植物种类明显少于DFT法，主要集中于根系体积较小、生长期较短的叶菜类蔬菜，如生菜等。总体来说，NFT法的投资和运行成本较低，虽然在种植上有一些限制，但在生产实践中更容易被推广应用。

无论采用哪种水培方式，从作物的角度看，植物工厂的水培流程都包括播种、催芽、育苗、移栽（也称定植）、栽培、收获这几个环节。这些环节都是在植物工厂内进行的，环境完全可控，保证了作物产品的高洁净、高品质。

其中，播种和催芽关系紧密：播种是一个操作性流程，即将植物的种子播撒在海绵块中；催芽则是一个过程性流程，即播种后等待植物发芽的过程。植物工厂的播种与催芽一般在一个独立的房间或区域内进行，首先使用机械或人工将种子播撒在海绵块的凹穴中，用纯水将海绵块充分浸润，便完成了播种；随后，将这些播好了种子的海绵块放入避光的催芽箱或催芽室中，使其在适宜的温湿度环境下发芽，一般2~3天后即可看到大部分种子露白，就完成了催芽流程。

催芽结束后，就是育苗流程。植物在海绵块上大面积发芽后，必须马上将其转移至有光的环境下使其见光生长，否则会造成植物的徒长，严重影响生长期长度和产品品质。一旦见光，植物就进入到了育苗流程。植物工厂一般采用多层人工光栽培架进行育苗，可以是专门为育苗定制的层间距较小的栽培架，也可以直接采用普通的栽培架。这一阶段可以视情况调整温湿度、营养液浓度和光强、光质、光周期，从而更好地壮苗，使其根系发达（长到海绵块以外）并健康有活力、子叶充分长大且为绿色、长出真叶。不同植物的育苗期长度和判断育苗完成的标准各不相同，但大多数需要12~21天的育苗，才能使幼芽长成健康的壮苗，准备进行移栽和栽培流程。

移栽和栽培流程关系紧密：移栽是一个操作性流程，也叫作定植，即将植物的幼苗从育苗架转移至栽培架的栽培板上；栽培则是一个过程性流程，即移栽后等待植物生长到可以收获的过程。移栽时，将每棵植物的幼苗分开，连同其所在的海绵块一起移动到带孔的栽培板上，塞入栽培板的栽培孔中，使其伸出海绵的根系能够接触到栽培板下的营养液。移栽是一个人工流程，目前尚无机械化设备可以较好地取代人力，主要原因是移栽时必须时刻注意根的情况，一定不能使植物幼小的根系在移栽过程中受到伤害，也不能在空气中暴露太长时间使其干枯，否则都会严重影响植物的生长期长度、产品产量及品质。移栽后，根据植物的需求在栽培架上采用合适的温湿度、营养液、光强、光质、光周期进行栽培，直到收获为止。生菜等叶菜类植物的栽培流程时间普遍较短，一般仅为20~30天左右，栽培结束即收获；黄瓜、辣椒等果菜类植物的栽培流程时间较长，一般可达一个月或数个月，且在栽培流程中可以多次收获。

最后，经过一段时间的栽培即可收获。叶菜类作物可采用机械或人工直接将其从栽培槽上取下，切掉根系即完成收获；果菜类作物一般采用人工采摘的方式，将其果实摘下等待下一次收获，数次后其产量或品质降低，便也将植株从栽培槽上取出，准备进行新一轮的移栽和栽培。在新一轮的移栽之前，必须对种植槽进行完全的清理，通常包括充分的清洗和消毒，防止新作物受到老作物的不良影响。

3. 全人工光照明及光配方

光是影响植物生长发育最重要的因素之一，它不仅是植物进行光合作用所必须的条件，而且时刻影响着植物的形态发生、新陈代谢、基因表达和其他各类生理反应。因此，光对植物的影响可简单归纳为以下两个方面：为植物的光合作用提供能量、通过影响植物的光受体从而调节植物的生长发育。其中，前者一般被称为光合光，后者一般被称为信号光，但实际上纯粹的光合光或纯粹的信号光较少，大多数植物能够利用和感受到的光都是两种作用兼有的。这两种作用的程度和方向主要由植物所受光的三个重要参数决定：光强、光质、光周期。其中，光强代表光的强度（可以简单理解为光的亮度），光质代表光的波长范围（可以简单理解为光的颜色），光周期代表一段时间内植物明期和暗期的规律（即植物受光和不受光的顺序和时长）。不同的光强、光质和光周期对植物的影响完全不同。因此，通过调节这三者的组合，不仅可以简单地促进植物生长，还可以实现控制植物开花、提高植物体内特定化学物质浓度的效果。总之，综合了光强、光质和光周期的光配方能够调节植物的生长发育，包括植物的形态、开花、生物量积累和营养成分等，是植物工厂的核心技术之一。

关于光强问题，在现代物理学中，包括光在内的电磁辐射被认为是由一个个量子发射和吸收的，每个量子被称为光子。光子是电磁辐射的基本单位，所有形式的电磁辐射都是由光子构成的。光子是一种无质量、不可分割、稳定的粒子，没有电荷，电荷是由带电粒子在不同能级上的转换产生的。当带电粒子从较高能级跃迁到较低能级时，它就会发出一个光子。由此，电磁辐射会同时表现出类似波和类似粒子的特性，即所谓的波粒二象性。当一个光子在空间传播并通过小于或等于其波长的长度尺度时，就会表现出类波现象；当光子被比其波长小得多的粒子系统（如叶绿素分子）吸收或与之相互作用时，光子就会作为一个整体而显示出粒子的特性。此时，我们就可以对光的强度进行测量。

测量人工光照的光强的方法主要包括光度测量法和量子测量法。对于可见光来说，最简单的测量方法是使用人眼作为判断工具，即我们平时所说的亮度。这种方法确实可行，被称为光度测光法，是一门以人眼感觉到的亮度来测量光的科学。在这种方法中，可见光光谱中每个波长的辐射功率都由一个亮度函数加权，从而模拟了人类视觉感知该波长光的亮度的灵敏度（这一模拟过程常常采用光度函数进行）。国际单位制中有许多以此设立的物理量，如发光强度、光通量、照度、光辐射和亮度等。其中，发光强度是点光源在特定方向上的单位角度中发射功率的度量，其国际单位是坎德拉（cd），是七个国际单位制中基本单位之一，足见其重要性。555nm 波长下的 1W/Sr 的光相当于 683cd 的发光强度，但在其他波长时，1W/sr 相当于较少的发光强度，因为人眼对可见光亮度的感受在 555nm 左右达到最高。例如，根据光度函数，1W/sr 的 450nm 波长的光仅相当于 32cd，而在 715nm 波长处则只相当于 1cd。光通量类似于辐射通量，是对电磁辐射总功率的测量，但也通过光度函数进行调整以模拟人眼的感受。光通量是对光源发出的人眼可感知的光总量的测量，而发光强度只衡量光束在特定方向上的亮度。光通量的国际单位是流明（lm），其定义为光源在 1Sr 的角度上发出 1cd 的光强时所产生的光通量。光通量通常用来衡量光源发出的有用光线，总光通量与辐射功率之比称为光源的光效。光源的光效越高，在相同的辐射功率下发出的光通量越高，即人眼感知到的亮度越高。照度是单位面积内入射到其表面的总光通量，也通过光度函数进行调整以模拟人眼的感受。在国际单位制中，它的单位是勒克斯（lx）或流明每平方米（lm/m²）。反过来，光辐射是指单位面积的表面所发出的光通量，其单位与照度相同。亮度是单位面积上特定方向光的发光强度的量度，国际单位是坎德拉每平方米（cd/m²）。总之，在光度测量法中，光的强度与人眼息息相关，光度测量法所得出的所有数据都是以人眼的感受为标准进行衡量的。

然而，植物毕竟不是人，人眼感受最强烈的 555nm 光是一种绿光，而绿色恰恰是植物叶片的颜色，也就是植物大量反射而不是吸收的颜色，原因主要是植物利用绿光进行光合作用的效率较低。因此，在植物工厂中使用光度测量法及其物理量和单位会造成严重的问题，不能真实反映植物所感受到的光。在处理光与植物之间的相互作用时，测量植物所需的光照时，主要有三个因素需要考虑：首先，植物感受看光的方式与人眼不同，根据麦克里（McCree）的研究，高等植物吸收的光谱有两个峰值，分别在红光和蓝紫光的范围内，与光度函数仅有一个 555nm 的绿光峰值完全不同；其次，当一种光的光谱分布很窄时，如发光二极管（LED），采用光度测量法会造成严重的失真，然而植物工厂中广泛存在的发光二极管（LED）照明设备恰恰很容易发出窄谱甚至单一波长的光，无法被光度测量法准确测量，如波长 660nm 且光谱较窄的红光对植物的光合作用非常有效，但采用光度测量法得到的数值会非常低；最后，人眼将光视为连续的波，因此将其视为连续的能量，而植物则完全不同，无论是在光合作用中还是在光受体感知信号时，植物都将光视为一个个离散的光子，通过吸收一个个光子与之相互作用。因此，必须考虑光的粒子特性，采用量子测量法测量植物工厂中的光强，用接收器每秒和每平方米接收到的光子数量来描述植物工厂中光的强度。综上，植物工厂中的光强一般采用量子测量法进行测量。

量子测量法中采用光子的摩尔数来描述光子数量，因为一个光子的能量过小，1J 的光子能量往往对应着大量的光子。例如，1J 的波长 450nm 的光对应大约 23 亿亿个光子，所以采用光子的摩尔数来表示光子数量，一摩尔约等于 6.02×10^{23}（即阿伏伽德罗常数）。不过，摩尔对于植物工厂中的能量来说稍大，因此植物工厂中的光强一般使用微摩尔作为单位。综上所述，量子测量法所测量出的物理量，即光通量密度的单位为 $\mu mol/(m^2 \cdot s)$，表示 1s 内在面积为 $1m^2$ 的表面上所接受到的光量子数量。

在植物工厂的生产实践中，针对不同植物和植物生长的不同阶段，植物冠层的光强往往在 $100\sim500\mu mol/(m\cdot s)$ 进行调整。过低的光强会导致植物无法进行充足的光合作用，并由于光强太弱发生过多的纵向生长，不利于植物的生物质累积和形态发生；过高的光强会导致植物受到高光胁迫，即使通过良好的环境控制措施让植物的温度仍然保持在适宜范围之内，也会对植物的光合系统等造成严重的光损伤，使得植物进行自我防御和保护，大幅降低光合作用的效率。因此，植物工厂绝不能一味地追求高光强，而应当在植物适宜的范围内不断探索最佳的光强。

关于光质问题，植物不能利用光谱上所有波段的光进行光合作用，其可利用的范围与人眼的可见光接近，而植物能感受到的光的范围略大于可见光，约为近紫外光到远红外光。也就是说，可见光是光合光的范围，信号光则在可见光范围的基础上增加了近紫外光和远红外光。可见，光只是整个电磁波谱中的一小部分，其波长范围约为 $380\sim750nm$，每种颜色占据一个光谱范围（V 代表紫色、B 蓝色、G 绿色、Y 黄色、O 橘色、R 红色）。因此，即使只是某种颜色的光，它也很可能不是由单一波长组成的。在植物照明中，可见光是最有效的光谱范围，而且在特定颜色范围内，不同的单一波长或波长组合对植物的影响也可能不同。光在介质中传播时，部分能量会被反射，部分会被吸收，部分会被透射，不同频率的电磁波在不同介质中的穿透距离和反射能力不同，例如，绿光、黄光和红外光比较容易被绿色植物叶片反射或透过，但紫外光、蓝光和红外光大部分会被叶片吸收。因此，在使用人工光源进行植物生长时，必须慎重选择光的颜色，以达到最佳的光照效率。

在植物工厂的生产实践中，一般采用高等植物光合吸收效率最高的两个波段进行人工照明，即红光（660nm 左右）和蓝紫光（450nm 左右）。这就是在植物工厂的人工照明中最多见的红蓝光。除此之外，还可以根据需求添加各种不同波段的光，以增加光合效率、调节植物生长，如近紫外光、远红外光、绿光、橙光等。从理论上来说，只要植物存在感受器的波段，都可以增加补光以调节植物生长，如增加特定成分或改变植物颜色等。同时，红蓝光的配比也对植物的生长发育有一定的调节作用。目前，一般采用红光强度大、蓝光强度小的比例以组成上述 $100\sim500\mu mol/(m\cdot s)$ 的光强。此外，也有采用模拟日光光谱的光质进行植物工厂种植的案例。总之，光质也是一个十分值得探索的方向。

光周期问题则比较简单，一般来说，植物工厂中会模拟日光的光周期，进行光期/暗期为 12h/12h 或 16h/8h 的 24h 循环，即在一天之中连续开启光照 12h 作为光期，连续关闭光照 12h 作为暗期；或者连续开启光照 16h 作为光期，连续关闭光照 8h 作为暗期。需要注意，一味地增加光期、减少暗期并不一定能够缩短植物的生长期，反而很可能造成产品产量和品质的双重降低。但确实存在一部分植物能够耐受更高比例的光期和更低比例的暗期，甚至在只有光期、没有暗期的光周期下仍能生长发育。同时，光周期的循环周期也不一定必须是 24h，许多更短的循环周期和不同的光暗期比例对植物的影响也在被积极研究，但尚未应用于植物工厂的生产实践中。总之，光周期的很多研究目前还停留在实验阶段，尚未进入植物工厂的生产实践，但未来必将体现出极大的价值。

总之，影响植物生长发育的光照特性一般被归结为三个方面，即光强、光质和光周期。然而，实际情况可能更为复杂，上述三个方面可能无法完全反映光对植物的影响。随着植物工厂对环境的全面控制和各种智能控制的人工光源的使用，影响植物生长发育的光的可控和可变因素可能会大大增加，因此有必要前瞻性地考虑植物工厂人工光照明的更多参数。如光的偏振和相干性、光分布的均匀性、光照的方向等。在未来，植物工厂的人工光照明参数可能会从三个变成七个，即光强、光质、光周期、光的均匀性、光的方向、光的偏振性、光的相干性。

全人工光型植物工厂中一般没有阳光，因此人工光源被广泛使用。除植物工厂外，人工光源还可作为补充光源使用。过去人们认为，光谱与日光相似的光最适合植物生长，为此应采用全光谱的光。但现在人们发现，并非所有光谱对植物生长都同样重要，如红光和蓝紫光对植物光合更重要，而绿光就不那么重要。因此，人工光源需要提供更适合植物光合和生长的光谱。为此，应尽可能地使用可调节的窄波段发光二极管（LED）组合，为处于不同生长阶段的植物提供不同的光强、光质和光周期。下面介绍几种不同的人工光源。

白炽灯是最早的人工光源，通过电流将灯泡内的灯丝加热到高温使其发光。白炽灯的光谱与黑体的光谱相似，无法调节，大部分位于红外区域，只有一小部分位于可见光区域，且白炽灯的光效一般只有 $10\sim15\mathrm{lm/W}$，寿命一般小于 $1000\mathrm{h}$，因此其作为植物照明灯的效率非常低，现在一般不用于任何场景下的植物照明。

荧光灯是一种低压蒸气放电灯，其气体为汞蒸气。荧光灯发光时，首先由电流激发汞蒸气产生紫外线，紫外线经由涂在灯管内侧的荧光粉转换，变为荧光灯发出的可见光。因此，荧光灯能够发出的光谱是就是汞蒸气不同条件下放电和灯管内侧不同荧光粉的组合，而其发光的强度取决于荧光粉涂层的厚度。根据荧光粉的不同，荧光灯可以作出波长为 $404\mathrm{nm}$、$436\mathrm{nm}$、$546\mathrm{nm}$ 和 $579\mathrm{nm}$ 等不同波段的窄谱光。但由于始终存在荧光粉的转换过程，荧光灯的光效一般为 $50\sim100\mathrm{lm/W}$，虽然远远高于白炽灯，但仍略显不足。然而，通过选择适当类型和厚度的荧光粉，荧光灯的光谱可以满足植物不同的生长需要，提高光合效率。因此，荧光灯比白炽灯更适合作为植物的人工光源，许多早期的植物工厂都采用荧光灯作为人工光源，直到今天仍有部分植物工厂在使用荧光灯进行植物照明。

气体放电灯主要包括蒸汽灯、金属卤化物灯、高压钠灯等，发光原理是气化放电产生光，上述的荧光灯也是一种特殊的气体放电灯。在气体放电灯中，蒸汽灯往往不太适合植物照明，因为其光谱和植物的需求不匹配。金属卤化物灯则略有不同，它利用石英电弧管中的电弧通过金属卤化物气体进行气体放电，光效很高，约为 $75\sim150\mathrm{lm/W}$，寿命可达 $10000\mathrm{h}$ 以上。并且根据金属卤化物组成和管内气压的不同，金属卤化物灯也可以做到不同的光谱分布，只是其光谱一般都很宽，虽然能够较好地模拟日光光谱从而应用于植物工厂之中，但无法做到窄谱，因此其在植物工厂内的地位十分边缘。同时，金属卤化物灯的发热十分严重，应用于植物工厂中必须解决其发热问题，在环境控制设备上付出额外的成本，因此植物工厂一般不采用金属卤化物灯，只有一些散热条件良好的太阳光利用型植物工厂会使用金属卤化物灯进行补光。高压钠灯的工作原理分两步，首先用电流使少量的氖气和氧气启动微弱的气体放电，发出光强很小的红光加热钠金属，随后等待几分钟，等到钠金属气化后再发出可见光。高压钠灯的光效更高，可达 $100\sim150\mathrm{lm/W}$，寿命可达10000h 以上，但其光谱很宽，且启动缓慢，也有金属卤化物灯类似的发热问题，因此在植物工厂中的应用范围与金属卤化物灯类似。

与上述所有灯具不同，发光二极管（LED）是一种固态半导体光源，主要结构是一个P-N 结。施加外部电流时，P-N 结内的电子和空穴结合就会导致发光。在此过程中，能量以光子的形式释放出来，光的颜色由 P-N 结本身的能带决定，因此可以做出几乎所有颜色的窄谱 LED。事实上，单个发光二极管只能发出窄带光，为了产生较宽的光谱，一般可采用两种方法：一是在一个灯具中使用许多不同颜色的发光二极管，从而使灯具本身发出的光是窄谱光混合而成的宽谱光；二是在单色短波长 LED（通常是蓝紫色或紫外光的 LED）顶部涂荧光粉，将窄波段 LED 光转换成宽光谱光，与荧光灯的荧光粉转换原理大致相同。LED 的寿命可以超过 20000h，最高能达到 100000h，比上述所有灯具的寿命都长得多。白光 LED 的光效约为 $150\sim300\mathrm{lm/W}$，也远远高于上述所有灯具。更重要的是，与其他人工光源相比，LED 的能耗更低、体积更小、启动速度更快、发热量更低。用于植物照明的 LED 最重要的特点是单个 LED 的光谱窄、不同种 LED 的光谱覆盖范围大，确保了任意光谱的高纯度单色光能够随意组合，以适应任何阶段的任何植物，使植物的整个生长过程中都保持最佳光照状态。随着技术的进步和价格的下降，目前 LED 已经取代了其他所有种类的灯具，成为当下植物工厂中应用最广泛的植物照明光源，是光配方得以实现的重要基础之一。

目前，光配方的研究仍在进行中，如何组合光强、光质、光周期以实现不同植物在不同生长阶段的最佳状态，仍然需要进行大量的探索。例如，有研究发现，在光期即将结束时使用低强度的蓝光和远红外光作为补充光源，会使植物长得更快、更壮。同时，植物工厂的生产实践必须考虑成本问题，照明系统作为植物工厂中建设成本和运行成本最高的系统，必须进行精心的规划和控制，才能降低照明成本、提高照明效率，使植物工厂产出成本更低、产量更高、品质更好的农作物产品。要实现这些目标，唯一的办法就是在不同的栽培条件下对不同的植物进行充分的实验，以获得优化系统所必须的大量数据，并通过人工智能模型进行推演优化，取得最佳的光配方。

4. 水肥一体化灌溉及营养液配方

研究表明，植物的健康生长必然需要 16 种元素，统称为必需元素。其中，C、H、O、N、P、K 这六种元素被称为大量元素，Ca、Mg、S 这三种元素被称为中量元素，Fe、

Cu、Zn、Mn、Mo、B、Cl 这七种元素被称为微量元素。这其中除了 C、H、O，其余 13 种元素需要作为肥料供给植物，不包括 C、H 和 O 的原因是它们由水和 CO_2 提供。而在传统的土壤栽培中，一般只将 N、P 和 K 这三种大量元素作为肥料提供给植物，其他元素基本都是由土壤本身提供的。然而，植物工厂内的水培不使用土壤，这 13 种元素都必须作为肥料提供给植物。按照一定的组合将 N、P、K、Ca、Mg、S、Fe、Cu、Zn、Mn、Mo、B、Cl 这 13 种必需元素的化合物溶解在水中所形成的含有一定浓度的 13 元素的离子的溶液，就是植物工厂水培所使用的营养液。不同的化合物组合、不同的元素浓度、不同的离子存在形式，都会构成不同的营养液配方。若想让不同植物在不同的生长阶段都能达到最好的生长状态，就需要选择、改进、试验不同的营养液配方。在这个过程中，创造全新的营养液配方，调整出植物生长所需的最佳比例和浓度。这就是植物工厂中的水肥一体化灌溉，即肥料完全溶解在水中，形成溶液状态的营养液直接供植物根系吸收。

营养液最重要的参数有两个，分别是电导率（即 EC 值）和酸碱度（即 pH 值）。这两项参数如果不在植物的适宜范围内，就会严重干扰植物的正常生长，造成非常明显的产量和品质下降，甚至导致植物直接死亡。因此，任何营养液循环系统都会时刻监控 EC 值和 pH 值，并且根据情况随时调整。此外，溶解氧含量（DO 值）和液温也会影响植物的生长发育，但这两项参数在正常的植物工厂运行状态下一般不会出现很明显的变化，除非整个植物工厂设计有问题或发生异常，否则 DO 值和液温一般都保持在植物的适宜范围之内，故大多数情况下只进行监控即可。

其中，EC 值是营养液中总离子浓度的指标，单位是 mS/cm 或 μS/cm。EC 值越高，代表营养液的总离子浓度越大，但可以通过加水稀释米降低离子浓度，从而降低 EC 值。例如，许多植物工厂栽培生菜采用日本的园试营养液配方，其 EC 值约为 2.4mS/cm，但生菜其实并不耐受如此高的 EC 值，植物工厂种植生菜的 EC 值通常控制在 1.2～1.6mS/cm，因此这些植物工厂种植生菜时实际使用的是一半浓度的日本园试营养液，即标准园试营养液加等体积的纯水，这也被称为二分之一园试营养液，理论上其 EC 值为标准园试营养液的一半，即 1.2mS/cm。在植物生长的不同阶段，植物需求的营养液 EC 值会发生很大的变化。一般认为，对于生菜而言，催芽阶段必须用清水（即 EC 值为 0），育苗阶段的营养液 EC 值应当降低，栽培阶段的 EC 值应该升高，栽培阶段的 EC 值可以是育苗阶段 EC 值的两倍，即如果栽培阶段使用二分之一园试营养液，则育苗阶段应该使用四分之一园试营养液；育苗阶段使用二分之一霍格兰营养液，则栽培阶段应使用标准霍格兰营养液。但也有育苗和栽培阶段使用完全相同营养液的植物工厂。同时，针对其他作物，如果菜类，在其开花、结果的阶段还应当提高营养液浓度，以支持其生长。但 EC 值也不能一味地提高，否则会造成植物的营养离子不耐受，损伤植物根系，极端情况下会导致植物失水。总体来说，营养液的 EC 值一般控制在 1～4mS/cm，需要针对不同作物的不同生长阶段进行具体的调整，以保证植物充分吸收营养元素的离子，同时也能吸收到足够的水。

　　pH 值则反映了营养液中的氢离子浓度，是营养液酸碱度的指标。营养液的酸碱度一般不进行精确调节，只要保持在适当的范围内即可。这个范围的确定主要取决于两个因素：一是植物本身的酸碱度适宜范围；二是营养液中各离子的沉淀范围。营养液的 pH 值必须保持在植物的适宜范围内，同时又避开离子的沉淀范围。其中，植物的适宜范围由所种植的植物本身决定，离子的沉淀范围由水培采用的营养液配方和浓度决定。一般来说，植物工厂内的营养液 pH 值总是保持在 5.5～6.5 之间的微酸性，这是绝大多数植物都比较适宜，且几乎所有营养液配方和浓度均不会产生沉淀的 pH 值范围。

　　在植物栽培的过程中，EC 值和 pH 值均会因为植物吸水、植物吸收离子、植物根系释放有机物等原因产生变化，有时上升、有时下降，和具体的水培方式（DFT 或 NFT 等）、植物种类、营养液配方和浓度、营养液总体积等因素相关。但无论是上升还是下降，植物工厂的营养液循环系统都可以及时调整，使营养液的 EC 值和 pH 值保持在设定范围之内。当营养液池中的 EC 值传感器感受到 EC 值的下降或上升时，自动控制系统就会向营养液池中注入营养液母液 A 和母液 B 以提高 EC 值或注入纯水以降低 EC 值，直到 EC 值达到范围。当营养液池中的 pH 值传感器感受到 pH 值的上升或下降时，自动控制系统就会向营养液池中注入酸液（一般为母液 C）或碱液（一般为母液 D）以降低或提高 pH 值，直到其回到设定范围。另外，当营养液池中的液位传感器感受到营养液池中液位的下降时，自动控制系统就会向营养液池中以设定的比例注入纯水和母液，在保持 EC 值基本不变的情况下提高营养液的体积，相当于向营养液池中补充新配制的营养液。

　　然而，植物生长过程中营养液的具体变化并没有上述情况那么简单。即使 EC 值和 pH 值都在设定范围之内，植物的生长发育情况仍会在数茬后劣化，比使用新配置营养液的第一茬植物差。这是因为 EC 值只代表营养液中总的离子浓度，总离子浓度不变不代表各种离子分别的浓度均不变。植物对各种离子的吸收方式并不相同，如 Ca 是典型的被动吸收元素，只在浓度较高时才能被植物吸收，低浓度时植物几乎不吸收，所以必须在营养液中保持高浓度的 Ca 离子才能使植物吸收足够的 Ca 元素，因此 Ca 在各种营养液配方中的浓度都很高，远高于其他中量元素，超出的部分就是停留在营养液中无法被植物吸收的 Ca 离子；然而，K 元素是典型的主动吸收元素，植物体内的 K 离子浓度往往比根系所处环境中的 K 离子浓度高数十倍，即便如此，植物仍会消耗腺嘌呤核苷三磷酸（adenosine triphos phate，ATP）主动从根系环境中吸收 K 离子，即使根系环境的 K 离子浓度较低，其仍然会被植物吸收。这就导致营养液配方中的 K 元素只要比植物所需略多一些即可，过多的 K 元素反而会使根系消耗不必要的 ATP 吸收过多的 K 元素；营养液配方中的中量元素 Ca 却必须比植物所需的多很多，否则低浓度下植物就算体内已经缺 Ca 也不会吸收。然而，等到营养液接触植物，被植物吸收过之后，情况就会反过来，K 元素被植物根系大量吸收浓度会变得非常低，Ca 元素被植物吸收后还会保持较高的浓度，因此在被植物根系吸收过的营养液中，往往是中量元素 Ca 的含量远多于大量 K 元素。可是，EC 值并不能反映这种离子浓度的反转，EC 值降低后会自动补充母液，母液是按照营养液配方配置的，营养液配方均默认是新配营养液的配方，因此又会含有超量的 Ca 元素和适量的 K 元素，不断堆高 Ca 元素的离子浓度，最终导致 Ca 元素过多推高 EC 值，K 元素无法得到足够的补充，从而使植物生长情况劣化。类似情况在营养液中时刻发生着，根本原因就是植物对不同元素的吸收偏好不同。然而，为每种元素单独设置传感器探头的做法从成本和技术上均不现实。

事实上，前人在设计营养液配方时，就已经考虑植物对不同离子的吸收偏好不同这一因素。山崎营养液配方是日本一种著名的营养液配方。该配方较为普适，适合多种蔬菜的生长。该营养液配方的发明者山崎肯哉测量了植物对养分的吸收情况：将植物放在桶中水培，栽培过程中不向营养液添加任何物质，直到营养液的体积降至起始体积的 75% 左右，并测量此时营养液的各元素浓度。根据栽培前后营养液的体积和各元素浓度，可以很简单地计算出植物吸收养分的质量、吸收水的体积，以及前者比后者所得的植物所吸收的表观浓度等值。当然，植物吸收的表观浓度会受到植物种类、植物生长阶段、营养液 pH 值、营养液 EC 值、温度等因素的影响，但通过大量实验，山崎肯哉总结了多种植物对养分的吸收情况，并据此发明了山崎营养液配方，后续还针对不同植物的养分吸收特点对山崎营养液配方进行了不同的优化，形成了生菜、草莓等作物的山崎营养液配方。一般认为，只要营养液中各元素的浓度和植物对各元素的吸收相等，营养液中各元素的浓度就不会有太大变化，植物工厂就能实现较为稳定的营养液浓度。然而，实际生产中往往无法达到这一理想状态。例如，实际运作的植物工厂往往会同时种植多种蔬菜或根据市场需求随时调整蔬菜种植品种，此时就会出现多种植物使用同种营养液或只能采用通用营养液配方种植蔬菜的情况。这种情况下，营养液浓度的不适配几乎是必然要发生的。举例来说，二分之一园试营养液配方是一种叶菜的通用营养液配方，但如果使用它来种植生菜，那么由于这一通用配方相比山崎生菜营养液的 Ca 元素浓度较高而 K 元素浓度较低，出于前文所述的原因，这种情况下，经常会出现 K 元素缺乏和 Ca 元素过多的情况，即使不断添加新营养液维持 pH 值和 EC 值不变也无济于事。此外，植物对养分的吸收也会因生长环境、生长阶段乃至营养液浓度本身而发生变化。因此，保持营养液中每种元素的浓度与植物吸收的浓度相等，在现阶段的植物工厂生产实践中是一个遥不可及的理想状态。与之相比，或许为每一茬生产过后的营养液开发补充配方才是对当前植物工厂更加现实的解决方案，即在每茬栽培后如果营养液中某一离子的浓度高于目标值，则通过补充营养液中的较低浓度使之降低至目标值；如果营养液中某一离子的浓度低于目标值，则通过补充营养液中的较高浓度使之升高至目标值，从而将每茬栽培后的营养液浓度调整至接近新配营养液，也就是营养液配方本身的状态，消除每茬植物吸收水和营养元素对营养液各元素浓度的影响。

然而，上述调整方法也面临诸多问题。一是必须考虑调整前后的 EC 值，使 EC 值在调整后符合预期；二是对于多次收获的作物（如果菜类）而言，每茬收获后其生长状态均不同，尤其是第一次收获前进行了营养生长，其生长状态和此后大不相同，因此对养分的吸收情况非常不同；三是植物生长的最佳浓度实际上应该略高于植物对各元素吸收的表观浓度，导致根据植物吸收的表观浓度计算出的营养液配方或补充配方可能并非最佳配方；四是某些特定离子的浓度会对植物生长造成很大影响，如含氮的铵根离子可能会导致生菜尖端的灼烧现象，补充时，必须将其和同样含氮的硝酸根离子分别考虑；五是改变元素浓度，实际上就是添加特定的无机盐，而无机盐不可能只含一种元素或一种离子，必须考虑所添加的无机盐中其他成分、其他离子对营养液的影响；六是某些情况下营养液的体积相对植物栽培数量而言过小（如使用 NFT 水培法时），可能无法支持一整茬的栽培，必须在栽培中添加营养液，无法在整茬栽培后营养液不变时进行测量和添加；七是调整时必须要考虑 pH 值的情况。

营养液的适宜 pH 值范围一般为 5.5～6.5，最佳 pH 一般在 6.0 左右。pH 值高于 7.0 会导致 Fe 元素和 Mn 元素的沉淀，pH 值低于 4.5 则会伤害植物根系。在植物生长的过程中，pH 值一般先下降后升高。如果 pH 值总是较高，有可能是营养液中的碳酸氢盐含量偏高，可能是由植物根系的有机分泌物导致的，此时就需要测量碳酸氢根的浓度，如果碳酸氢根的浓度超过 0.005%，则有必要在补充营养液时使用更多的硝酸盐或磷酸盐进行中和，而不是一味地使用酸来降低 pH 值，作为一种典型的缓冲液，碳酸氢盐溶液吸收氢离子的能力很强。

一般认为，较低的 pH 值反映植物吸收了较多的阳离子，较高的 pH 值反映植物吸收了较多的阴离子，这与植物吸收营养元素时的元素间的互相影响有关。例如，当营养液中 Ca 元素或 Mg 元素的浓度较高时，植物对 K 元素的吸收就会受到抑制，pH 值就会较高。然而，此时如果使用硝酸盐或磷酸盐来调节 pH 值，则植物对这些离子的吸收会进一步增加，从而让 pH 值更难降低。

由此可知，调节 pH 值绝不只是通过酸和碱来调整氢离子浓度，必须考虑营养液中的离子平衡。pH 值的变化原因往往就是植物对阴阳离子的不等吸收。目前，主要有三种方法调节 pH 值：调节 EC 值、调节特定离子浓度（如碳酸氢根和铵根等）、直接加酸或碱。在植物工厂的生产实践中，一般使用磷酸作为酸，氢氧化钾或氢氧化钠作为碱。然而，这三种方法会从不同方面影响植物生长，平衡使用这三种方法非常重要。

综上所述，植物工厂中营养液的配方和营养液的调节是十分复杂且重要的。首先，必须针对不同的植物和植物生长阶段找到其营养吸收特性。其次，根据其吸收特性选择或发明有针对性的营养液配方。最后，在栽培时，要对营养液的组成进行分析，不断调整营养液的各项参数，使之尽可能地保持在最佳值。未来，有可能开发出能够测量营养液中所有离子的传感器，从而使得植物工厂的生产人员能够随时了解营养液中各营养元素的浓度，及时做出准确的调整。届时，营养液将能完全实现自动控制，这种传感器将像 LED 灯席卷植物工厂照明领域那样席卷所有植物工厂的营养液控制领域，成为植物工厂的标准配置之一。但在那一天到来之前，或许克服现有困难开发植物工厂营养液补充配方更加现实，可以在现有的条件下解决问题。

5. 其他环境参数的人工控制

在农作物生长的六要素（光、温、气、土、水、肥）中，植物工厂运用无土栽培技术省去了土的要素，前面介绍了植物工厂对光、水和肥的利用，本节主要关注其余的两个要素，即温和气。不过，植物工厂中的温和气与大田农业有所不同，温表示温湿度，即温度和湿度，气表示气肥，即 CO_2 气体的浓度。这是因为植物工厂建设在封闭的室内，温湿度均可以控制，农作物不受外界气候影响。接下来，本节将主要从这两个方面介绍植物工厂中环境参数的人工控制。

环境控制系统是植物工厂最关键的子系统之一，简称环控系统，与营养液循环系统、人工光照明系统并称为植物工厂最重要的三大控制系统。环控系统主要负责监测、调整和控制植物工厂内的空气温度、相对湿度、CO_2 浓度。在一些植物工厂的生产实践中，也会把光照和营养液的调控整合到环境控制系统中，即将环控系统、营养液循环系统、人工光照明系统这三大子系统整合为一个系统，一般称为植物工厂的自动控制系统，统合监控植物工厂中的所有参数。同时，部分植物工厂还对空气洁净度（悬浮粒子与菌落数）有严格的要求，因此空气的洁净度控制也被包含在环控系统之内。

温度是农业中极为关键的因素，对植物工厂也不例外。农作物的生长发育、开花结果、产品质量等均会受到温度的显著影响，特别是 35℃ 以上的高温和 5℃ 以下的低温对作物的影响更大，许多植物在这样的温度下会停止生长乃至死亡，但也有一些植物在部分生长阶段中可以耐受这样的极端温度，甚至会对其产量或品质产生正面影响。对植物细胞而言，温度升高，其生理生化的反应速率加快，适当地提高温度有助于加速作物的生长；温度降低，其生理生化反应的速率也随之降低，一般会造成作物生长缓慢；温度低于 0℃，细胞内的水开始结冰，会对植物体造成严重的冻害。每种作物都有其耐受极限，温度低于或高于这一极限时，农作物就会停止生长乃至死亡。因此，植物工厂内的温度的调控十分重要。

植物工厂内的温度主要指植物工厂内栽培区的气温和植物根系接触到的营养液的液温。这两种温度对作物的光合作用、呼吸作用、光合产物的积累、养分的吸收等生理反应均有显著影响，因此必须适宜。对栽培区的气温而言，作物的适宜温度与作物种类和品种、生长发育阶段及光期、暗期均有关，在种植前，应当查阅相关资料以确定适宜的温度和温度变化。一般来说，植物工厂中只关心植物的三基点温度，即最低温度、最适温度和最高温度，并努力将植物工厂内的温度保持在最适温度，从而获得较多的光合作用产物，提高产量和产品质量。农作物能够进行光合作用的最低温度一般为 0～5℃，最适温度普遍在 20～30℃，最高通常为 35～40℃。因此，植物工厂中一般都将气温保持在 20～30℃。

而对营养液的液温来说，18～22℃对大多数植物的根系都是比较适宜的，过高或过低的温度将导致根系无法正常吸收水和养分或直接死亡，从而导致整株植物的死亡。

对光合作用和呼吸作用而言，在适宜的温度范围内，气温越高，光合作用和呼吸作用的强度也越高。温度过低时，植物光合作用和呼吸作用的强度均较低，光合产物积累少，植物生长缓慢；温度过高时，植物光合作用和呼吸作用的强度均较高，但呼吸作用随温度的增强要大于光合作用，因此反而可能出现光合倒挂，即呼吸作用消耗的光合产物比光合作用生成的产物还要多，同样不利于光合产物的累积。植物进行呼吸作用的最低温度约为−10～−5℃，最适温度为36～46℃，最高温度为50℃。在呼吸的适宜温度范围内，温度提高10℃，呼吸作用的强度提高1～1.5倍。与之相比，在光合作用的适宜温度范围内，温度每提高10℃，光合作用的强度提高约1倍。同时，呼吸作用的适宜温度范围高于光合作用，因此盲目地提高温度显然会造成光合产物的极大浪费。植物的产量和品质均依赖光合产物的积累，而最利于植物积累光合产物的温度不仅和植物本身有关，还会随植物受到光照的情况而变化。一般来说，光照越强，光合作用所能达到的最高强度就越高，此时温度成为了限制光合作用进一步提高的短板，因此可以适当地提高温度以增加光合作用的强度。

植物工厂温度调控主要通过空调制冷和热水增温进行，不仅要将栽培区的温度时刻保持在植物的适宜温度，还要尽可能地实现气温在空间上的均匀分布。因此，除了主空调，有些植物工厂还会为每个栽培区设置单独的空调，从而保证不同的栽培区能够独立调整温度。植物工厂的围护结构，不仅是封闭的，而且建筑材料的隔热性能均较好，从而使得外界气候对植物工厂内的环境影响较低。因此，植物工厂的温度调控所面对的主要问题就是人工光源的发热，主要的温度控制方向是降温，也就是将室内的热量及时排出，保持室内的温度不至于过高。

降温是采用空调制冷机组来完成的，通过遍布在植物工厂栽培区内的温度传感器随时感受温度，输出模拟信号，转换成数字信号后送到环控系统（在植物工厂的生产实践中常常是单片机），环控系统进行数据整合后，比对设定值，对空调发布开机、关机等各种命令，从而实现温度的控制。同时，为了保证空气温度的均匀，散热往往也是必要的。人工光源往往采用简单的金属翅片式散热装置，或者某些植物工厂采用的水冷装置（甚至是营养液液冷装置，与营养液循环系统联动）进行光源的降温，配电柜一般采用较为复杂的金属翅片式散热装置进行散热。为了保证植物尽可能地不受光源散热的影响，部分植物工厂还会在植物冠层的高度加装微风机，为植物叶片更换新鲜空气的同时也保证其附近的温度能更好地与栽培区气温一致，实现气温的均匀分布。

而在寒冷地区或寒冷的冬季，室外气温很低，人工光源关闭的暗期中，植物工厂内温度可能会降低至适宜温度以下，这时就需要进行增温。增温一般采用热水供暖系统，与我国北方地区的暖气类似。事实上，如果是修建在已有建筑内部的植物工厂，通常不太需要考虑增温问题，因为寒冷地区的这些建筑本来就有暖气等增温措施，植物工厂运营方只要按时缴纳供暖费就可以了。即使温度略有不足，也可以通过空调制热进行弥补。只有在一些比较极端的情况下，才需要建造一整套热水供暖系统。该系统属于植物工厂的环控系统，通常由热水锅炉、供热管道和散热器等组成，水在该系统中独立循环，不断被热水锅炉加热，在散热器中放热降温，再回到热水锅炉中，供、回水温度一般为 95℃和 70℃左右。由于植物工厂室内湿度较高，散热器的防腐性能必须较好，同时散热器的布设也必须进行充分的考虑，以保证植物工厂内的温度分布较为均匀。但供暖系统的成本较高，如果必须在寒冷地区从零开始新建植物工厂，可以考虑借用当地某些热源的余热进行供暖，如发电厂的余热就是非常好的热源，可以显著降低寒冷地区植物工厂的建设和运行成本。

植物工厂内的湿度也是非常重要的因素。在这里，湿度指的是空气相对湿度，它决定了作物叶面和空气之间的水蒸汽压力差，是影响作物蒸腾作用强度最重要的外界因素之一，并且直接关系作物光合强度与病害等。相对湿度过低时，作物蒸腾作用大，容易导致根部供水不足，作物体内水分减少，细胞缩小，气孔率降低，光合产物减少；相对湿度过高时，作物叶面的蒸发量小，容易导致植物体内水分过多，根系吸收部分养分的情况差，影响产量和品质。不同的作物对空气相对湿度的要求也不尽相同，需要根据品种及所处的生长阶段对空气相对湿度进行调节。一般来说，在 25%～80%的相对湿度下，大多数作物都能正常生长。在植物工厂的生产实践中，一般将相对湿度控制在 55%～70%。

由于植物的蒸腾作用，植物工厂内的相对湿度控制方向一般为降湿，可采用加热、吸湿、通风等方法进行。加热会提高室内温度，在空气含湿量不变的情况下降低相对湿度，弊端是会造成温度对植物生长的影响，可能偏离最佳温度；吸湿是采用吸湿剂直接吸收空气中的水汽，弊端是成本较高；通风是将室外干燥的空气送入室内，排出室内高湿空气，这需要对进入的空气进行严格过滤，通常和温度控制中的空调联动，通过温湿度一体调控的空调机组实现，是植物工厂主要采用的降湿办法；另外，还有热泵降湿等其他方法。热泵降湿的显著优势是其能够回收冷凝水，大幅度提高植物工厂的水资源利用效率到 90%以上，但其成本过高，目前在植物工厂的生产实践中很少见到，未来很可能在边远地区、太空探索、宇宙移民等领域广泛采用。总之，植物工厂中的相对湿度一定不能超过 90%，露水现象一定不能发生，否则会对植物生长造成严重的危害。

而当植物工厂内的相对湿度低于 40%时，就需要进行加湿了。在安装了微风机的情况下，适当增加相对湿度可有效增大气孔开度，从而提高作物的光合强度。常用的加湿方法有喷雾加湿与超声波加湿等。其中，超声波加湿不会打湿叶片，比喷雾加湿优势明显，但成本也比较高。

CO_2 是作物进行光合作用的原料，因此其浓度是植物工厂中的重要环境参数之一。植物进行光合作用的 CO_2 有三种来源，即叶片附近空气中的 CO_2、植物组织呼吸作用产生的 CO_2、植物根部吸收的 CO_2。其中，植物根部吸收的 CO_2 仅占比不足 5%，绝大部分光合作用的 CO_2 来自前两项，其中，我们能够直接控制的就是第一项，即空气中的 CO_2 浓度。从 CO_2 的补偿点到饱和点，植物的光合速率随 CO_2 浓度的增加而线性增加，超过饱和点后光合速率基本保持不变，CO_2 浓度继续上升（至 0.8% 以上后），则会引起大多数植物的气孔关闭，从而导致光合速率下降，最终使光合作用停止。不过，空气中的 CO_2 浓度仅为 0.04%，即 4×10^{-4} 左右，远低于植物的 CO_2 饱和点。因此，在植物的 CO_2 饱和点以下增加 CO_2 浓度明显有利于光合速率的提高，CO_2 施肥已经成为植物工厂高效生产必不可少的重要措施之一。植物的 CO_2 饱和点一般为 $8\times10^{-4}\sim1.8\times10^{-3}$ 或更高，且随光照强度变化，光照越强，CO_2 饱和点越高，暗期则不需要。不过，过高的 CO_2 浓度容易导致工作人员的人身安全问题，CO_2 浓度超过 2×10^{-3} 即可造成人员的明显不适，超过 5×10^{-3} 很容易造成人员的昏迷与死亡，即便此时氧气浓度较高也无济于事。因此，植物工厂一般选择较为安全和经济的 CO_2 浓度目标值，即 $6\times10^{-4}\sim1\times10^{-3}$ 左右，采用瓶装液态 CO_2、火龙燃烧或化学制取 CO_2 等方法提高 CO_2 浓度。其中，瓶装液态 CO_2 是最主流的 CO_2 增施方法，使用纯度 99% 以上的液态 CO_2 钢瓶运输到植物工厂内，将钢瓶的阀门换用电磁阀接入环控系统中，通过 CO_2 传感器监测浓度，随时开闭阀门以实现植物工厂内 CO_2 浓度的调控，不仅方便、安全，且成本较低，是植物工厂增施 CO_2 的首选方式。火龙燃烧法采用火龙作为专门的燃烧装置，将碳氢化合物在火龙中燃烧生成 CO_2，煤油、液化石油气、天然气等气体、液体状态的碳氢化合物均可作为燃烧的原料，生成的 CO_2 比较纯净，但仍需要除杂后才能在植物工厂中使用，对燃料本身和火龙装置均有较高的要求。火龙装置能够在生成 CO_2 的同时加热，在一些寒冷地区有比较好的使用场景，且该装置的点火和熄火也可以接入环控系统实现自动控制，但其问题在于过高的温度在寒冷地区以外会带来严重的散热负担，且其成本相对瓶装液态 CO_2 法较高，因此使用场景狭窄，一般在太阳光利用型植物工厂中有所采用。化学制取法采用 $CaCO_3$ 加 HCl 或类似的原理在不燃烧的条件下生成较为纯净的 CO_2，优点是原料价格较低，缺点是化学反应剩余原料、副产物、杂质都容易造成环境污染，且反应中使用的强酸容易导致安全问题，同时难以精确控制 CO_2 浓度，故一般在部分温室和太阳光利用型植物工厂有所采用，在全人工型光植物工厂中基本不采用。

植物工厂的洁净系统主要由空气净化设备及其相应的配套系统来实现，一般直接整合在空调机组内，实现制冷、除湿、净化的一步到位。净化前，还要采用初效、中效、高效三级过滤，空气必须经过过滤和净化处理后，才能从顶部送风口送入植物工厂，而后从下部的回风口回到机组，视情况排出室外或继续循环。植物工厂通常采用密闭式循环系统，平时不吸收新风或排出空气，植物工厂内部保持正压环境，只在需要补充新风（如除湿）时，打开新风入口，进行过滤和净化，从而减少植物工厂内的物质与能量损耗，尽可能地保持植物工厂内部的洁净。

植物工厂的洁净程度一般通过室内的洁净度和静压差等参数进行衡量。洁净度是环境内单位体积空气中大于或等于某一粒径的悬浮粒子的允许统计数，这一概念类似于我们对空气污染物的评价（PM10、PM2.5 等），对植物工厂而言，还包括对沉降菌的测量。对悬浮粒子而言，植物工厂栽培区的 $0.5\mu m$ 和 $5\mu m$ 的平均粒子浓度及 95％置信上限的最大值至少应小于国家标准《洁净厂房设计规范》（GB 50073—2013）中对 7 级（对应旧版标准中的万级）的规定，必要时，应达到 8 级。对于沉降菌，应参考《医药工业洁净室（区）沉降菌的测试方法》（GB/T 16294—2010），在未消毒的情况下使栽培区内的沉降菌落数达到洁净度 7 级（对应旧版标准中的万级），必要时，可达到更高。静压差作为检测洁净室与外界隔离程度的标准，相关参数也应符合国家标准《洁净厂房设计规范》（GB 50073—2013）的要求。

植物工厂作为设施农业的发展的最高阶段，其核心就是利用计算机对植物生长过程的全部参数进行自动控制。因此，环控系统的核心就是一台计算机，或者说处理器，通过各种环境传感器（温度、湿度、光照强度、CO_2 浓度、营养液的 EC、pH、DO、液温等传感器）、控制器及其配件（转换器、电磁继电器、定时器、减压阀、文丘里管、延时装置等）和执行装置（空调、加湿器、人工光源、CO_2 气源、营养液循环系统）实现对植物工厂的智能化管理与控制，并将检测到的参数，通过显示器展示出来。这些设备大多数设有RS-485 等协议的通信接口，可以方便互相连接，最终由计算机实现全局监控，完成全部数据的显示、贮存、处理和自动控制等。计算机可通过电脑程序实现良好的可视化效果，令监控界面简洁直观、操作方便，并将各项数据记录后直接生成图表，便于工作人员随时对环境进行分析，随时修改各项参数的控制范围，还可以通过联网实现远程在线监测和人工控制，让植物工厂在无人的状态下也能进行智慧生产。

5.3.4　光伏+植物工厂的优势

植物工厂的发展和广泛应用有望实现安全稳定的食品供应，而不受任何不利或破坏性的自然或人为因素影响，如全球变暖、气候变化、污染、冲突或任何其他潜在破坏性情况的影响。因此，植物工厂可以为与环境、食品供应、能源和自然资源有关的问题提供急需的缓解和解决方案。而光伏将为植物工厂插上清洁能源的翅膀，使得植物工厂能够在任何有充足光照的环境下进行生产而不必考虑供电问题（如偏远的海岛、大型远洋船舶或海上基地、无人的沙漠或雪山），同时还能大幅降低植物工厂的生产成本，且实现全流程的生态清洁、安全、可持续。

光伏＋植物工厂的高效运作涉及多种先进技术，如考虑植物昼夜节律的 24h 人工照明系统、为植物提供各种营养的无土栽培方法、可精准调控室内温度的空调、在栽培区创造均匀生产环境的各种传感技术，以及节省劳动力成本和保持生产和收获区清洁的自动化技术和机器人技术等。目前，建立一个大型的光伏＋植物工厂需要考虑以下几个重要因素：

（1）运用光伏技术降低电能消耗，以低成本提供人工光照明和维持植物工厂内部温湿度所需的充足电力。同时，通过传感器实现栽培区洁净室的环境控制，监测各种因素（如通风的风向和风速、室内的温度、相对湿度、CO_2 浓度、光照强度及溶解在水中的无机肥料和氧气的浓度、营养液的电导率和 pH 值等），随时根据植物工厂内的现状进行调整，以达到植物生长的最佳状态。

（2）运用高浓度 CO_2 气肥进行高效植物生产。研究发现，植物工厂中 CO_2 浓度的增加可显著增强光合作用，从而促进蔬菜的生长，与室外耕作相比，可在较短时间内高效生产蔬菜。因此，往往可以将植物工厂中的 CO_2 浓度设定为自然大气的 $3\sim4$ 倍。然而，过高的 CO_2 浓度会对工作人员造成不利影响，甚至造成人身安全危害，因此该技术需要谨慎使用。然而，如果光伏技术能够提供充足的电力，那么人力的需求可以在植物工厂中被降到最低。一旦播种、采收等人工环节完全被自动化设备取代，就可以完全分隔种植区与工作区，只在种植区提供高浓度的 CO_2，人员不必进入。

（3）优化无土栽培营养液。植物工厂里的作物是在洁净室中的营养液里培育的，营养液中含有植物生长所需的最佳成分和浓度的无机肥料，不使用任何土壤，这样不仅可以避免连续种植造成的伤害（如移栽失败），还可以避免室外或基于土壤的农场栽培中常见的病原体或昆虫造成的生长不良或异常。因此，可以通过优化溶解在水中的化肥浓度来完全控制蔬菜生长所涉及的各种元素以满足各种特殊需求。例如，可以为肾病患者生产 K 元素浓度很低的蔬菜，因为户外田地里种植的蔬菜钾元素浓度通常很高，肾病患者无法食用。

（4）采用低成本、长寿命、光谱可调的照明灯具，以目前的技术水平而言，就是发光二极管。发光二极管的热辐射较低，属于冷光源，在有效节约照明电能的同时，还能降低空调负荷导致的电费支出。同时，灯具必须尽可能地短距离照射，以有效利用光子，并通过可调光源随时调整光强、光质、光周期，以提高产量和产品质量。只有对光照强度和波长进行细致的监测和控制，才能建立一个功能强大、成本效益高的植物工厂，持续不断地生产价格合理的蔬菜。此外，光源的安装、维护也应简单方便。

（5）高效地运行和维护植物工厂。不仅是照明灯具需要维护，各种自动化设备也需要维护。如自动装载机器人、自动采收机器人、自动播种机、自动配肥机及其附属的许多水泵，都需要高效地运行和维护。同时，光伏系统也需要专人进行运维工作，这些都对光伏＋植物工厂的人员配置提出了较高的要求。

综上所述，在光伏＋植物工厂中种植和培育蔬菜的优势是多方面的。收获即可生产、全年产量稳定，无论天气如何都能以稳定的品质和价格不间断地供应蔬菜，而价格相比没有光伏系统的植物工厂要明显更低。光伏＋植物工厂的蔬菜新鲜、营养价值高、色泽美观、口感好、味道鲜美，最重要的是价格只比传统蔬菜略高。这些蔬菜都是在严格消毒的无尘室中生产的，与土壤蔬菜相比，细菌和病原体数量极少，因此即使不清洗也可食用。

此外，从幼苗诊断到栽培和装运，全过程的产品跟踪技术可以确保每一棵蔬菜的品质和安全。同时，信息技术系统的进一步扩展还将促进更密切的农业和工业合作，将植物工厂与实验室、科学家和辅助人员、信息技术公司及各种农产品的新兴市场连接起来。这样，光伏＋植物工厂将更加有利于世界上那些极端气候或战争可能会破坏粮食生长和分配的地区。因为在这些地区，电力的供应甚至会成为问题，而设计良好的光伏＋植物工厂理论上可以不依赖外界电力进行生产，几乎就像传统农业那样，只要有阳光和水就能让种子萌发，就能生产出作物，其产品又远比传统农业洁净、安全，所需的土地面积和劳动力都明显更少，可以在极端情况下维持高品质的作物生产。

参 考 文 献

［1］ FRIEDLINGSTEIN P，O'SULLIVAN M，JONES M，et al. Global carbon budget 2022［J］. Earth System Science Data，2022，14：4811-900.

［2］ 吴妍. 国家发展改革委发布国家应对气候变化规划［J］. 福建轻纺，2014（11）：3.

［3］ 国际能源署. 中国能源体系碳中和路线图［R］. 巴黎，2021.

［4］ 国家统计局关于 2022 年粮食产量数据的公告［N］. 国家统计局，2022-12-13.

［5］ BECQUEREL E. Report on the electrical effects produced under the influence of solar rays［J］. AccessedNov，2020，15.

［6］ SMITH Z A，TAYLOR K D. Renewable and alternative energy resources：a reference handbook［M］. Bloomsbury Publishing USA，2008.

［7］ MEYERS G. Photo-voltaic Dreaming 1875--1905：First Attempts At Commercializing PV［J］. Clean Technica，2014.

［8］ LABORATORY N R E. Best Research-Cell Efficiency Chart［R］. U. S.，2023.

［9］ 艾琳，司俊龙，陈喜军. 2024 年中国光伏发电行业发展现状与展望［J］. 水力发电，2025，1-6.

［10］ 刘秦，韩志华. 光伏组件的分类和发展［J］. 光源与照明，2023（04）：123-5.

［11］ 刘兴佳，崔国桥，于恺，等. 太阳能光伏柔性支架体系研究［J］. 中国新技术新产品，2020（02）：79-81.

［12］ 陶兴南."农光互补"光伏电站支架基础结构选型对比分析［J］. 安装，2022（03）：71-2＋80.

［13］ MEKHILEF S，SAIDUR R，KAMALISARVESTANI M. Effect of dust，humidity and air velocity on efficiency of photovoltaic cells［J］. Renewable and Sustainable Energy Reviews，2012，16（5）：2920-5.

［14］ WESELEK A，BAUERLE A，ZIKELI S，et al. Agrophotovoltaic systems：applications，challenges，and opportunities. A review［J］. Agronomy for Sustainable Development，2019，39.

［15］ 陈健，王玲俊. 我国光伏农业的发展阶段与地域分布［J］. 安徽农业科学，2022，50（8）：4.

［16］ 王玲俊，陈健. 光伏与农业结合的相关研究综述［J］. 安徽农业科学，2021，049（018）：18-21，9.

［17］ KATZMAN M T，MATLIN R W. The Economics of Adopting Solar Energy Systems for Crop Irrigation：Reply［J］. American Journal of Agricultural Economics，1979，61（3）：573.

［18］ 吴永忠，刘伟. 风力提水光伏提水在西北农业生产和生态建设中的作用［J］. 2003 年中国太阳能学会学术年会论文集，2003，866-868.

［19］ 盛绛，滕国荣，严建华，等. 太阳能光伏水泵在农业方面的应用［J］. 农机化研究，2008（12）：198-200.

［20］ CAMPANA P E，LEDUC S，KIM M，et al. Suitable and optimal locations for implementing photovoltaic water pumping systems for grassland irrigation in China［J］. Applied Energy，2017，185：

1879-89.

[21] SAINI V, TIWARI S, TIWARI G N. Environ economic analysis of various types of photovoltaic technologies integrated with greenhouse solar drying system [J]. Journal of Cleaner Production, 2017, 156: 30-40.

[22] YANO A, ONOE M, NAKATA J. Prototype semi-transparent photovoltaic modules for greenhouse roof applications [J]. Biosystems Engineering, 2014, 122: 62-73.

[23] HASSANIEN R H E, LI M, YIN F. The integration of semi-transparent photovoltaics on greenhouse roof for energy and plant production [J]. Renewable Energy, 2018, 121: 377-88.

[24] XUE J. Assessment of agricultural electric vehicles based on photovoltaics in China [J]. Journal of Renewable and Sustainable Energy, 2013, 5 (6).

[25] 刘路青. 基于光谱分离技术的光伏农业系统研究 [D]. 合肥: 中国科学技术大学, 2019.

[26] 张运林, 秦伯强. 太湖地区光合有效辐射 (PAR) 的基本特征及其气候学计算 [J]. 太阳能学报, 2002 (01): 118-23.

[27] 孙刚, 刘慧, 李丽, 等. 光合有效辐射及其传感器研究进展 [J]. 农业工程学报, 2023, 39 (08): 20-31.

[28] 邵欢欢. 植物吸收光谱测量及光谱调控 [D]. 合肥: 中国科学技术大学, 2015.

[29] 丁东. 晶硅 TOPCon 与 IBC 太阳电池设计、制备与性能 [D]. 上海: 上海交通大学, 2023.

[30] LIU D, XIONG L, MENG H, et al. Research on outdoor testing of solar modules [M]. SPIE: 2012.

[31] 张昕昱, 张智深, 张放心, 等. 基于植物光合作用的太阳光谱分离技术进展 [J]. 照明工程学报, 2018, 29 (4): 17-21.

[32] 欧浪情, 何子力, 刘路青, 等. 红、蓝双通道滤光膜对植物生长的影响 [J]. 植物生理学报, 2016, 52 (12): 1909-14.

[33] 张放心, 孟守东, 李明, 等. 一种匀光型光伏农业系统的实验与研究 [J]. 照明工程学报, 2020, 31 (05): 17-21.

[34] BECK M, BOPP G, GOETZBERGER A, et al. Combining PV and food crops to Agrophotovoltaic-optimization of orientation and harvest; proceedings of the Proceedings of the 27th European Photovoltaic Solar Energy Conference and Exhibition, EU PVSEC, Frankfurt, Germany, F, 2012 [C].

[35] MALU P R, SHARMA U S, PEARCE J M. Agrivoltaic potential on grape farms in India [J]. Sustainable Energy Technologies and Assessments, 2017, 23: 104-10.

[36] 黄艳国, 何勇, 徐端平. 光伏农业模式下耐阴中草药品种栽培试验研究 [J]. 中国农业信息, 2017 (15): 69-71.

[37] 余明艳, 刘冬, 覃楠楠, 等. 浙江长兴基于农光互补的田园综合体建设途径的思考 [J]. 农业科技通讯, 2018 (4): 11-4.

[38] 魏来. 农光互补系统中甘薯生长发育特征研究 [D]. 杭州: 浙江大学, 2017.

[39] 葛志功. 凌源市光伏板下油用牡丹栽培技术 [J]. 乡村科技, 2018 (10): 80-1.

[40] 郭长翠, 陈殿哲. 光伏辣椒的生长因素分析及生产技术规程 [J]. 农业与技术, 2018, 38 (13):

38-42.

[41] COSSU M，COSSU A，DELIGIOS P A，et al. Assessment and comparison of the solar radiation distribution inside the main commercial photovoltaic greenhouse types in Europe [J]. Renewable and Sustainable Energy Reviews，2018，94：822-34.

[42] 吴龙飞，孙铃尧，彭也，等. 温室屋面光伏组件对温室微环境及作物净光合速率的影响——以草莓温室为例 [J]. 云南师范大学学报（自然科学版），2021，41（05）：10-5.

[43] 蒋宁，侯立娟，李辉平，等. 光伏温室大棚中猴头菇高产栽培技术 [J]. 长江蔬菜，2022（03）：29-31.

[44] 黄光日. 基于物联网的太阳能温室监控系统 [J]. 自动化应用，2023，64（S1）：35-8.

[45] 李辉，刘峻玮，梁紫怡，等. 智能温室光储互补供能管理系统设计及应用 [J]. 电力需求侧管理，2022，24（06）：32-7.

[46] 王馨熠，刘宝良，高小强，等. UVA补光时间对凡纳滨对虾肌肉主要营养成分影响研究 [J]. 渔业科学进展，2023，44（05）：153-61.

[47] 蒋广洁，董夫英，任振峰，等. 农牧光互补型生态循环农业技术模式 [J]. 现代农业科技，2019（24）：182-4.

[48] 刘汉元，钟雷，谢伟，等. "渔光互补"在江苏地区发展前景及应用思考 [J]. 当代畜牧，2014（32）：94-5.

[49] 王乾. 大型渔光互补光伏电站组件布置优化及发电量分析 [J]. 能源与环境，2023（02）：59-61.

[50] 白荣丽. 新型悬索式支撑系统在渔光互补项目中的应用研究 [J]. 太阳能，2022（10）：74-8.

[51] 吴继亮，梁甜，糜文杰，等. 水上漂浮式光伏电站的发展及应用前景分析 [J]. 太阳能，2019（12）：20-3.

[52] JAIN P，RAINA G，SINHA S，et al. Agrovoltaics：Step towards sustainable energy-food combination [J]. Bioresource Technology Reports，2021，15：100766.

[53] WILLOCKX B，HERTELEER B，CAPPELLE J. Combining photovoltaic modules and food crops：first agrovoltaic prototype in Belgium [J]. Renewable Energy & Power Quality Journal（RE&PQJ），2020，18.

[54] 王玲俊，陈健. 光伏农业共生研究 [J]. 中国林业经济，2022（06）：35-41.

[55] SCHINDELE S，TROMMSDORFF M，SCHLAAK A，et al. Implementation of agrophotovoltaics：Techno-economic analysis of the price-performance ratio and its policy implications [J]. Applied Energy，2020，265：114737.

[56] 刘文程. 农光互补项目不同运营模式经济性对比研究 [J]. 中国林业经济，2023（01）：21-7.

[57] 张宝，罗小萌，聂鑫. 浅议蔬菜水果的保健养生功能 [J]. 赤子（上中旬），2014（17）：239.

[58] 刘凤之，王海波，李莉，等. 我国设施果树产业现状、存在问题与发展对策 [J]. 中国果树，2021（11）：1-4.

[59] 廖紫如，李梅芳. 我国水果生产现状及其产业集聚度分析 [J]. 中国果树，2023（03）：129-34.

[60] 陈杰，雷书彦，陶芬，等. 光伏农业研究与发展路径 [J]. 中南农业科技，2022，43（06）：189-92.

[61] 郭家选，沈元月. 我国设施果树研究进展与展望 [J]. 中国园艺文摘，2018，34（01）：194-6.

[62] 沈元月，贾克功，祝军. 果树保护地栽培进展与展望［J］. 莱阳农学院学报，1997（04）：37-40.

[63] 胡晶晶. 我国蔬菜产业概况［J］. 营销界，2021（14）：72-83.

[64] 张小杭，崔寿福，刘福平. 光伏农业的发展概况［J］. 安徽农业科学，2015，43（19）：229-31.

[65] 周茂荣，王喜君. 光伏电站工程对土壤与植被的影响——以甘肃河西走廊荒漠戈壁区为例［J］. 中国水土保持科学，2019，17（02）：132-8.

[66] 张勇，房广善，王小龙，等. 广东省光伏农业的发展现状研究［J］. 现代农业装备，2023，44（01）：8-13.

[67] 董微，周增产，卓杰强，等. 光伏低碳温室设计与应用［J］. 农业工程，2013，3（04）：54-7.

[68] 尚超，马长莲，孙维拓，等. 我国光伏设施园艺发展现状及趋势［J］. 农业工程，2017，7（06）：52-6.

[69] 鲍顺淑，杨其长，闻婧，等. 太阳能光伏发电系统在植物工厂中的应用初探［J］. 中国农业科技导报，2008（05）：71-4.

[70] 刘璋晶莹，张龙，吴宜文，等. 光伏温室发展现状与研究方向［J］. 农业工程技术，2022，42（16）：12-7.

[71] ADEH E H，GOOD S P，CALAF M，et al. Solar PV power potential is greatest over croplands［J］. Scientific reports，2019，9（1）：11442.

[72] JING R，LIU J，ZHANG H，et al. Unlock the hidden potential of urban rooftop agrivoltaics energy-food-nexus［J］. Energy，2022，256：124626.

[73] 陈健，王玲俊. 农光互补的研究综述及展望［J］. 江苏农业科学，2022，50（05）：1-9.

[74] LYTLE W，MEYER T K，TANIKELLA N G，et al. Conceptual design and rationale for a new agrivoltaics concept：Pasture-raised rabbits and solar farming［J］. Journal of Cleaner Production，2021，282：124476.

[75] 杨丽雯，姜鲁光，赵慧霞，等. 内蒙古"牧光互补"开发适宜性及其与区域能源需求的耦合评价［J］. 干旱区资源与环境，2023，37（05）：122-9.

[76] 张一诺，李娜，王辰. 草原保护｜丰富而多样的中国草原［N］. 中国绿色时报，2021.

[77] 李慧，兰亚妮. 筑牢国家生态安全屏障［N］. 光明日报，2019.

[78] 刘宇轩，杜永英. 浅谈太阳能光伏发电技术［J］. 电大理工，2022（04）：7-11.

[79] 杨顺强，桑正林，武婷，等. 我国食用菌产业发展现状及优势［J］. 现代农业科技，2016（8）3.

[80] 莫秀超，潘晓莎. 林下经济助力脱贫攻坚的措施探讨［J］. 林产工业，2021，58（04）：67-9.

[81] 李美成，高中亮，王龙泽，等. "双碳"目标下我国太阳能利用技术的发展现状与展望［J］. 太阳能，2021（11）：13-8.

[82] 周长吉. 周博士考察拾零（一百一十五）几种光伏食用菌设施模式［J］. 农业工程技术，2021，41（10）：15-9.

[83] 李忠，卓国宁，张冬生，等. 乡村振兴背景下梅州山区食用菌产业融合发展模式探析［J］. 食用菌，2023，45（02）：60-3.

[84] 国家发展改革委，建设部. 建设项目经济评价方法与参数（第三版）［M］. 北京：中国计划出版社，2006.

［85］ 国家林业局. 中国沙漠图集［M］. 北京：科学出版社，2018.

［86］ 刘振亚. 特高压交直流电网［M］. 北京：中国电力出版社，2013.

［87］ 王岳，刘学敏. 毛乌素沙地"沙产业"发展水平评价［J］. 中国软科学，2019（06）：22-34.

［88］ 高晓清，杨丽薇，吕芳，等. 光伏电站对格尔木荒漠地区土壤温度的影响研究［J］. 太阳能学报，2016，37（06）：1439-45.

［89］ 李培都，高晓清. 光伏电站对生态环境气候的影响综述［J］. 高原气象，2021，40（03）：702-10.

［90］ 李斌，张金屯. 黄土高原植被类型变化和空间分布对气象因子变化的响应［J］. 四川环境，2010，29（02）：75-8.

［91］ 翟波，党晓宏，陈曦，等. 内蒙古典型草原区光伏电板降水再分配与土壤水分蒸散分异规律［J］. 中国农业大学学报，2020，25（09）：144-55.

［92］ 崔智捷，刘雅莉，余金润，等. 光伏温室大棚研究［J］. 现代信息科技，2020，4（09）：46-8.

［93］ 郭文花. 光伏农业大棚种植技术应用［J］. 农机使用与维修，2022（09）：133-5.

［94］ 王立平. 太阳能光伏智慧技术在蔬菜大棚中的应用［J］. 特种经济动植物，2022，25（01）：113-4.

［95］ 章荣国. 典型光伏大棚投资效益比较分析研究［J］. 电气技术，2018，19（01）：58-60.

［96］ 卜野，王金龙，李传武，等. 浅议池塘养鱼技术的发展趋势［J］. 当代水产，2013，38（07）：70-1.

［97］ 康宗正. 池塘高效健康养殖技术研究进展［J］. 农业开发与装备，2017（07）：49.

［98］ 陈冬勤. 新时代"八字精养法"新内涵［J］. 水产养殖，2018，39（11）：41.

［99］ 欧仁建，杨绍华，张照凤，等. 蒸隔式反向底排污循环水养殖模式设计［J］. 科学养鱼，2018（10）：1.

［100］ BROWN T W, CHAPPELL J A, BOYD C E. A commercial-scale, in-pond raceway system for Ictalurid catfish production［J］. Aquacultural engineering, 2011, 44 (3): 72-9.

［101］ 胡慧蝶. 三种养殖模式对大口黑鲈肠道微生物群落及肌肉品质的影响［D］. 重庆：重庆三峡学院，2023.

［102］ 周恩华. 漂浮式流水槽养殖技术助推大水面生态渔业发展［J］. 中国水产，2023（09）：78-9.

［103］ 王友红，刁菁，王晓璐，等. 北方高位池养殖模式存在的问题及发展方向［J］. 安徽农业科学，2021，49（09）：88-91.

［104］ 魏小岚，李纯厚，颉晓勇，等. 对虾高位池循环水养殖水体悬浮物等环境因子的变化特征［J］. 安全与环境学报，2012，12（01）：11-5.

［105］ 王淑生. 北方地区南美白对虾"135"二茬分级接续养殖技术［J］. 科学养鱼，2019（06）：29-30.

［106］ 蒋芳，龙祥平，韦先超，等. "稻田高位池"稻渔综合种养内循环生态养殖新模式建设初探［J］. 科学养鱼，2021，（12）：18-9.

［107］ 李文军，张攀攀，屈浩，等. 智能连栋玻璃温室节能减排技术研究［J］. 农业工程技术，2020，40（28）：16-9.

［108］ 熊征，刘霓红，蒋先平，等. 福建省温室园艺设施与装备发展现状及思考［J］. 农业工程技术，2020，40（07）：26-31.

［109］ 郭腾腾. 单脊 Venlo 型光伏玻璃温室的设计与热场分析［D］. 昆明：云南师范大学，2019.

［110］ 杨其长，魏灵玲，刘文科. 植物工厂系统与实践［M］. 北京：化学工业出版社，2013.

[111] 杨其长，张成波. 植物工厂系列谈（九）——植物工厂实例［J］. 农业工程技术（温室园艺），2006（01）：20-3.

[112] 杨其长. 植物工厂现状与发展战略［J］. 农业工程技术，2016，36（10）：9-12.

[113] 周增产，董微，李秀刚，等. 植物工厂产业发展现状与展望［J］. 农业工程技术，2022，42（01）：18-23.

[114] 李新旭. 从番茄现代化生产解析荷兰温室优质高产的原因［J］. 农业工程技术，2016，36（07）：60-5.

[115] 张轶婷，刘厚诚. 日本植物工厂的关键技术及生产实例［J］. 农业工程技术，2016，36（13）：29-33.

[116] 郭祥雨，薛新宇，路军灵，等. 我国植物工厂智能化装备研究现状与展望［J］. 中国农机化学报，2020，41（09）：162-9.

[117] 方啸，郑德忠. 基于自适应动态规划算法的小车自主导航控制策略设计［J］. 燕山大学学报，2014，38（01）：57-65.

[118] 田志伟，马伟，杨其长 等. 温室智能装备系列之一百三十植物工厂中机器视觉技术应用现状与挑战［J］. 农业工程技术，2022，42（01）：36-45.

[119] 马浚诚，温皓杰，李鑫星，等. 基于图像处理的温室黄瓜霜霉病诊断系统［J］. 农业机械学报，2017，48（02）：195-202.

[120] 刘蒙蒙. 面向自动监测装置的温室粉虱和蓟马成虫图像分割识别方法研究［D］. 上海：上海海洋大学，2019.

[121] STORY D，KACIRA M，KUBOTA C，et al. Lettuce calcium deficiency detection with machine vision computed plant features in controlled environments［J］. Computers and electronics in agriculture，2010，74（2）：238-43.

[122] 刘文科，刘义飞. 人工光植物工厂技术装备与产业发展的战略思考［J］. 中国农业科技导报，2018，20（09）：32-9.

[123] LI K，YANG Q-C，TONG Y-X，et al. Using movable light-emitting diodes for electricity savings in a plant factory growing lettuce［J］. HortTechnology，2014，24（5）：546-53.

[124] 石惠娴，安文婷，徐得天，等. 蓄能型地源热泵式植物工厂供能系统节能运行调控［J］. 农业工程学报，2020，36（01）：245-51.

[125] 王君，杨其长，魏灵玲，等. 人工光植物工厂风机和空调协同降温节能效果［J］. 农业工程学报，2013，29（03）：177-83.

[126] 刘文科，候瑞锋. 设施牧草产业发展需求与植物工厂技术研发对策［J］. 农业工程技术，2022，42（01）：30-5.

[127] 卞中华，李宗耕，王森，等. 植物工厂水稻快速繁育技术探究［J］. 农业工程技术，2022，42（19）：60-2.

[128] 王治，王跃驹. 生物反应器植物工厂［J］. 生命世界，2019，（10）：46-7.